小学4年生

漢字にぐーんと強くなる

目次

KUMON

この本のしくみと使い方

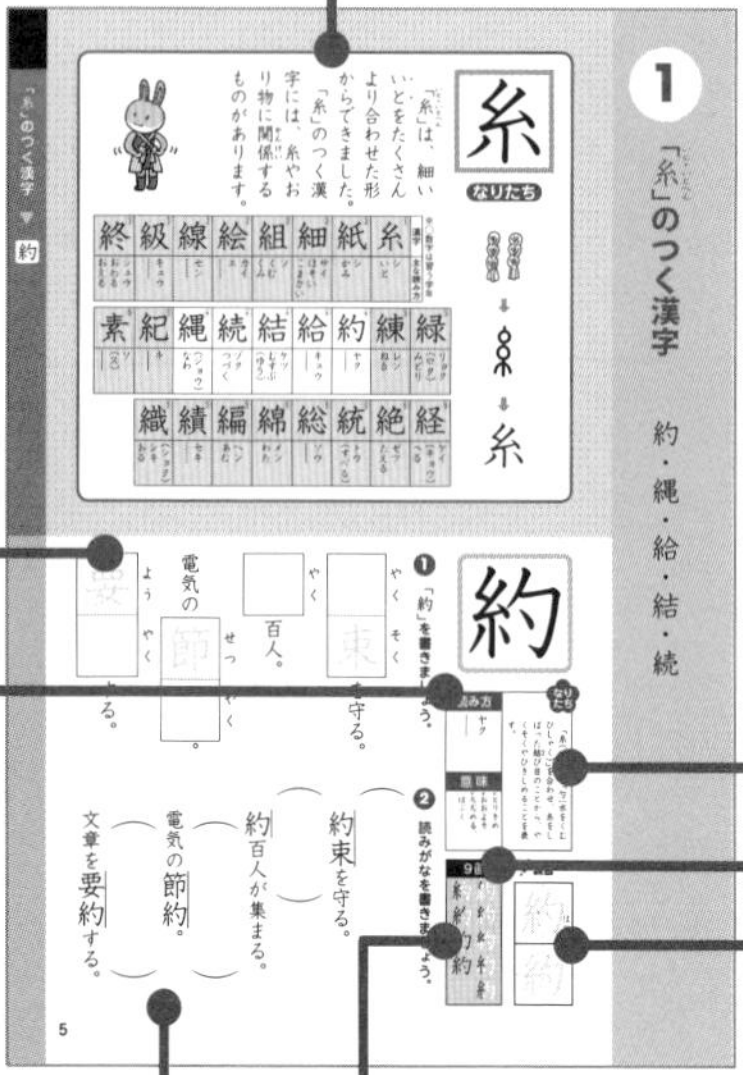

学習する漢字のグループ
おもに漢字の形（部首）でまとめてあります。部首は、字典《じてん》によってちがっている場合もあります。この本は『小学漢字に強くなる字典《じてん》』に合わせています。

じゅく語
漢字が二つや三つ、むすびついたことばです。かたほうの字もなぞって、いっしょに覚《おぼ》えましょう。

漢字のなりたちやしくみ

画数

練習
書《か》き順《じゅん》を見ながら、上からなぞって練習しましょう。ほかの紙にも書いて練習しましょう。

書《か》き順《じゅん》

読み書きの練習
読みと書きは同じ漢字ですので、答えはつけてありません。

読み方
カタカナは音読み、ひらがなは訓《くん》読みです。太い字は送りがな、（ ）は小学校では習わない読み方です。

音訓《おんくん》さくいん

四年生の漢字 202字

四年生で習う漢字のすべての読み方を、五十音（あいうえお…）順《じゅん》にならべています。

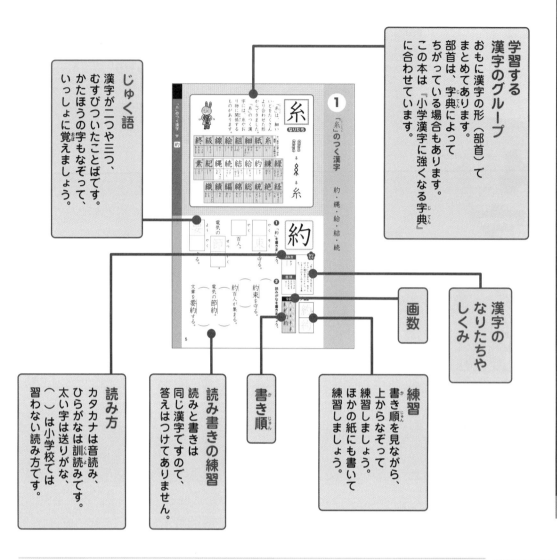

1 「糸《いと・いとへん》」のつく漢字

約・縄・給・結・続

糸

なりたち

「糸《いと・いとへん》」は、細いいとをたくさんより合わせた形からできました。
「糸」のつく漢字には、糸やおり物に関係《かんけい》するものがあります。

※○数字は習う学年

漢字	主な読み方
糸①	シ いと
紙②	シ かみ
細②	サイ ほそい こまかい
組②	ソ くむ くみ
絵②	カイ エ ―
線②	セン ―
級③	キュウ ―
終③	シュウ おわる おえる
緑③	リョク （ロク） みどり
練③	レン ねる
約④	ヤク ―
給④	キュウ ―
結④	ケツ むすぶ （ゆう）
続④	ゾク つづく
縄④	（ジョウ） なわ
紀⑤	キ ―
素⑤	ソ （ス） ―
経⑤	ケイ （キョウ） へる
絶⑤	ゼツ たえる
統⑤	トウ （すべる）
総⑤	ソウ ―
綿⑤	メン わた
編⑤	ヘン あむ
績⑤	セキ ―
織⑤	（ショク） シキ おる

約

なりたち

「糸（いと）」と「勺（水をくむひしゃく）」を合わせ、糸をしばった結《むす》び目のことから、やくそくやひきしめることを表す。

読み方

ヤク
―

意味

- とりきめ
- おおよそ
- ちぢめる、はぶく

9画

約 約 約 約 約 約 約 約 約

練習

約 約（はねる）

1 「約」を書きましょう。

やくそく ［　］束を守る。

やく ［　］百人。

電気の 節［せつやく］［　］。

ようやく 要［　］する。

2 読みがなを書きましょう。

約束を守る。（　　）

約百人が集まる。（　　）

電気の節約。（　　）

文章を要約する。（　　）

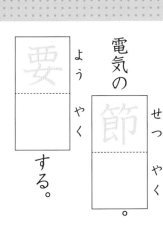

縄

なりたち
「糸（いと）」と「黽（とかげ）」とを合わせた字。とかげのように長くより合わせた「なわ」を表す。

15画

練習（はねる）

読み方
なわ
（ジョウ）

意味
・より合わせて作ったひも

1 「縄」を書きましょう。

□《なわ》とび。長い□《なわ》。

沖□《おきなわ》県《けん》の島々《しまじま》。

2 読みがなを書きましょう。

縄とびの練習。（　　）長い縄。（　　）

沖縄県の島々。（　　）

給

なりたち
「糸（いと）」と「合（あなをふさぐこと）」を合わせた字。糸であなをふさぐことを表し、不足分をあたえる意味になった。

12画

練習（つける）

読み方
キュウ
—

意味
・あたえる
・たりないところをたす

1 「給」を書きましょう。

□食《きゅうしょく》。□料《きゅうりょう》。

月□《げっきゅう》。

2 読みがなを書きましょう。

給食の時間。（　　）毎月の給料。（　　）

父の月給。（　　）

漢字の音《おん》と訓《くん》

漢字は、中国から伝《つた》わりました。中国で使われていた読み方が「音読み」です。この本の「読み方」のところに、かたかなで表しています。

一方、日本にもともとあることばを、漢字に当てはめた読み方が「訓読み」です。例《たと》えば、「水（スイ）」という漢字は、日本語の「みず」と同じであることを知り、「みず」ということばを「水」に当てて読むことにしたのです。この本の「読み方」では、ひらがなで表しています。

結

なりたち
「糸(いと)」と「吉(中身がつまったふたつきのうつわ)」を合わせた字。中身が出ないように、糸でしっかりむすぶことを表す。

読み方
ケツ
むすぶ
(ゆう)
(ゆわえる)

意味
•むすぶ
•まとめる
•終わりになる

12画

練習 上より短く

❶「結」を書きましょう。

ひもを□《むす》ぶ。

チームの団《だん》□《けつ》。

努力《どりょく》の□《けっ》果《か》。

物語の□《けつ》末《まつ》。

❷読みがなを書きましょう。

ひもを結ぶ。（　　）

チームの団《だん》結。（　　）

努力の結果。（　　）

物語の結末。（　　）

続

なりたち
もとの字は「續」。「糸(いと)」と「賣(次々とつづく)」を合わせて、糸のようにつながってとぎれないことを表す。

読み方
ゾク
つづく
つづける

意味
•つづく
•あとにつながる

13画

練習 はねる

❶「続」を書きましょう。

雨がふり□《つづ》く。

ドラマの□《つづ》き。

連《れん》□《ぞく》して勝つ。

コードを接《せつ》□《ぞく》する。

❷読みがなを書きましょう。

雨がふり続く。（　　）

ドラマの続き。（　　）

三回連続して勝つ。（　　）

コードを接《せつ》続する。（　　）

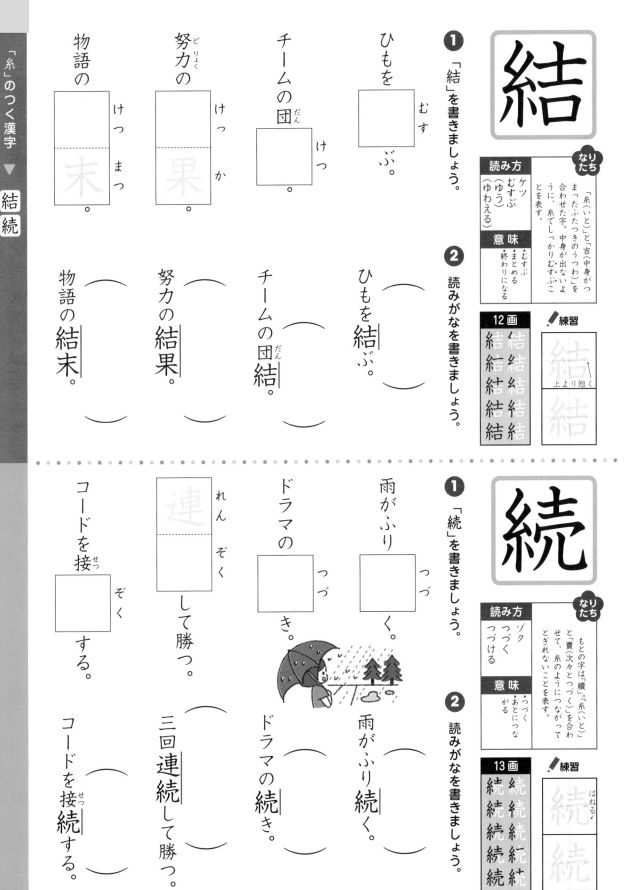

ドリル

点

1つ・5点

1 ―線の漢字の読みがなを書きましょう。

① 文章を要約する。（　　　）

② 父の月給。（　　　）

③ 縄とびをする。（　　　）

④ ドラマの続き。（　　　）

⑤ 水の節約。（　　　）

⑥ 物語の結末。（　　　）

⑦ 沖《おき》縄県《けん》に行く。（　　　）

⑧ コードを接《せつ》続する。（　　　）

⑨ 給食の時間。（　　　）

⑩ リボンを結ぶ。（　　　）

2 読みがなにあう漢字を書きましょう。

① □□《きゅうしょく》当番。

② 連□《れんぞく》して勝つ。

③ □《やく》百人。

④ 毎月の□料《きゅうりょう》。

⑤ 努力《どりょく》の□果《けっか》。

⑥ □《なわ》とび。

⑦ □束《やくそく》を守る。

⑧ 行列が□《つづ》く。

⑨ 沖□《おきなわ》県。

⑩ ひもを□《むす》ぶ。

2 「言《いう・ごんべん》」のつく漢字

訓・試・説・課・議

言

なりたち

「言《いう・ごんべん》」は、「辛(するどいはもの)」と「口」とを合わせてできていて、「はぎれよく話す」という意味を表します。

「言」のつく漢字には、言うことやことばに関《かん》係《けい》するものが多くあります。

※○数字は習う学年

漢字	言②	計②	記②	話②	語②	読②
主な読み方	ゲン いう こと	ケイ はかる	キ しるす	ワ はなす はなし	ゴ かたる	ドク トウ よむ

漢字	詩③	談③	調③	訓④	試④	説④	課④	議④
主な読み方	シ —	ダン —	チョウ しらべる (ととのう)	クン —	シ こころみる (ためす)	セツ (ゼイ) とく	カ —	ギ —

漢字	許⑤	設⑤	証⑤	評⑤	講⑤	謝⑤	識⑤	護⑤
主な読み方	キョ ゆるす	セツ もうける	ショウ —	ヒョウ —	コウ —	シャ (あやまる)	シキ —	ゴ —

訓

読み方　クン —

意味　・教える　・漢字の読み方の一つ

なりたち　「言(ことば)」と「川(かわ)」を合わせた字。もとは、川の流れのようにすじが通ったことばを表した。後に、すじを通して教える意味になった。

10画

練習　はねない←

1 「訓」を書きましょう。

ひなん□練《くんれん》。

教《きょう》□《くん》にする。

漢字の□《くん》。

□《くん》読《よ》みのことば。

2 読みがなを書きましょう。

ひなん訓練をする。(　　)

教訓にする。(　　)

漢字の訓。(　　)

訓読みのことば。(　　)

試

なりたち
「言(ことば)」と「式(ほうで工作する)」とを合わせた字。人に工作させたり、ことばで問い正したりして、よしあしをためすことを表す。

読み方	意味
シ こころみる (ためす)	•やってみる •ためす

13画
試 試 試 試 試 試 試 試 試 試

練習
わすれずに→

❶「試」を書きましょう。

野球の□□(しあい)。（合）

国語の□□(しけん)。（験）

もう一度□(こころ)みる。

初《はじ》めての□(こころ)み。

❷読みがなを書きましょう。

野球の試合に出る。（　　）

国語の試験。（　　）

もう一度試みる。（　　）

初めての試み。（　　）

説

なりたち
「言(ことば)」と「兑(ときほぐす)」を合わせた字。むずかしいことを、ことばでときほぐすようにとくことを表す。

読み方	意味
セツ (ゼイ) とく	•話してわからせる •考え

14画
説 説 説 説 説 説 説 説 説 説

練習
はねる↑

❶「説」を書きましょう。

□□(せつめい)する。（明）

不思議《ふしぎ》な□□(でんせつ)。（伝）

解《かい》□(せつ)を読む。

教えを□(と)く。

❷読みがなを書きましょう。

先生の説明を聞く。（　　）

不思議な伝説。（　　）

問題の解《かい》説を読む。（　　）

仏《ほとけ》の教えを説く。（　　）

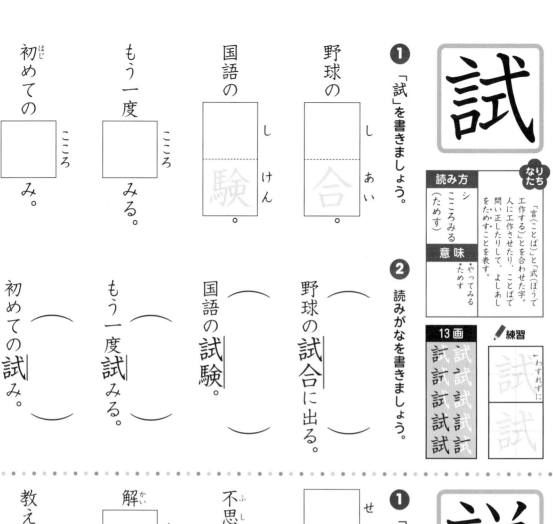

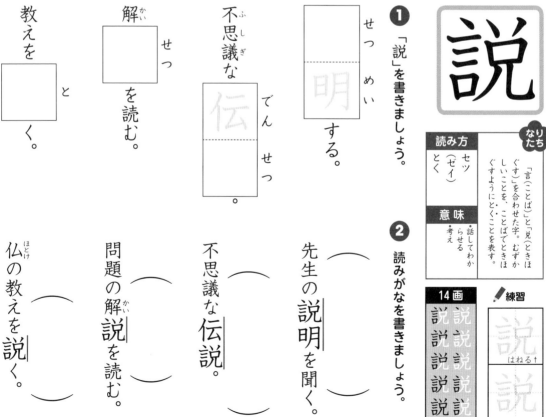

課

なりたち 「言(ことば)」と「果(実がなった木)」を合わせた字。実りの結果《けっか》をことばで表すことや、仕事のわりあてを表す。

15画

練習 はらう

読み方 カ

意味 ・わりあて ・仕事の区分け

❶「課」を書きましょう。

にっか 日　。

かだい 　題。

ほうかご 放　後。

❷ 読みがなを書きましょう。

毎朝の日課（　　）。作文の課題（　　）。

放課後（　　）、友達《ともだち》と遊ぶ。

議

なりたち 「言(はっきり言う)」と「義(『羊(形のよいひつじ)』と『我(ほこ)』で、整っている)」を合わせ、すじを通して話し合うことを表す。

20画

練習 はねる

読み方 ギ

意味 ・話し合う ・相談する

❶「議」を書きましょう。

かいぎ 会　。

ぎちょう 　長。

ふしぎ 不思　な話。

❷ 読みがなを書きましょう。

会議（　　）を開く。議長（　　）を選《えら》ぶ。

不思議（　　）な話を聞く。

、(点)のあるなし

「試」や「議」の最後《さいご》につける「、(点)」は、わすれやすいですね。点をわすれないように、次の漢字を見て、注意しましょう。

王――玉・主

大――犬・太

このような漢字では、点をつけわすれてしまうと、別《べつ》の漢字になってしまいます。

小さな点ですが、とても大切なものなのですね。

ドリル

1つ・5点

点

1 ―線の漢字の読みがなを書きましょう。

① 漢字の訓。（　　）

② 国語の試験。（　　）

③ 議長を選《えら》ぶ。（　　）

④ 解《かい》説を読む。（　　）

⑤ 毎朝の日課。（　　）

⑥ 放課後に集まる。（　　）

⑦ 教えを説く。（　　）

⑧ 不思議な話。（　　）

⑨ もう一度試みる。（　　）

⑩ 教訓にする。（　　）

2 読みがなにあう漢字を書きましょう。

① □□《せつめい》する。

② 湖の伝□《でんせつ》。

③ ひなん□□《くんれん》。

④ □□《ぎちょう》を選《えら》ぶ。

⑤ 野球の□□《しあい》。

⑥ 作文の□□《かだい》。

⑦ □《くん》読《よ》みのことば。

⑧ □□□《ほうかご》。

⑨ □□《かいぎ》を開く。

⑩ 初《はじ》めて〔　《こころ》みる〕。

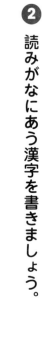

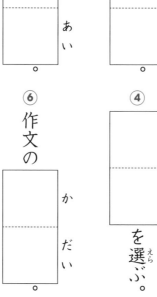

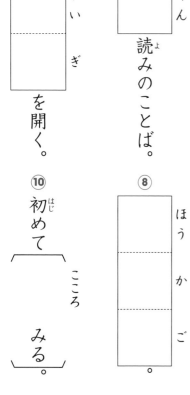

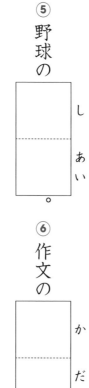

3 「水《みず》・氵《さんずい》」のつく漢字

求・沖・泣・法・治・浅・浴・清・滋・満・漁・潟

水

なりたち

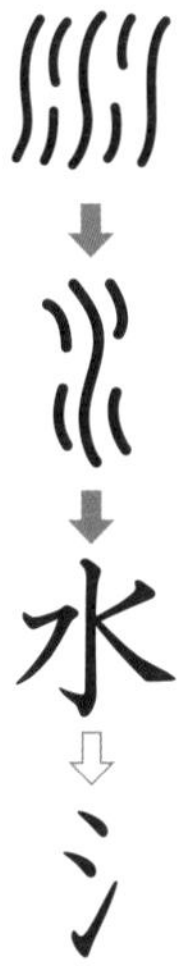

「水《みず》」は、みず・が流れる様子を表し、「氵《さんずい》」は、「水」の変化《へんか》した形です。

「水」や「氵」のつく漢字には、水や液体《えきたい》に関係《かんけい》するものが多くあります。

※○数字は習う学年

漢字	学年	主な読み方
水	①	スイ みず
池	②	チ いけ
汽	②	キ —
海	②	カイ うみ
活	②	カツ —
氷	③	ヒョウ こおり （ひ）
決	③	ケツ きめる きまる
泳	③	エイ およぐ
注	③	チュウ そそぐ
波	③	ハ なみ
油	③	ユ あぶら
洋	③	ヨウ —
消	③	ショウ きえる けす
流	③	リュウ （ル） ながす
深	③	シン ふかい
温	③	オン あたたかい
湖	③	コ みずうみ
港	③	コウ みなと
湯	③	トウ ゆ
漢	③	カン —
求	④	キュウ もとめる
沖	④	（チュウ） おき
泣	④	（キュウ） なく
治	④	ジ・チ おさめる なおる
法	④	ホウ （ハッ） —
浅	④	（セン） あさい
浴	④	ヨク あびる
清	④	セイ （ショウ） きよい
滋	④	（ジ） —
満	④	マン みちる みたす
漁	④	ギョ リョウ —
潟	④	— かた

求

なりたち

↓ 求

動物の毛皮をえがいた字。毛皮をひきしめて着ることから、ひきしめることを表す。

読み方
キュウ
もとめる

意味
- 自分のものにしようとする

7画
求 求 求 求 求 求 求

練習

右から

1 「求」を書きましょう。

答えを［もと］める。

助けを［もと］める。

［よう］［きゅう］する。

幸福を［つい］［きゅう］する。

（幸福をどこまでも追いもとめること）

2 読みがなを書きましょう。

答えを求める。（　　）

助けを求める。（　　）

値《ね》上《あ》げを要求する。（　　）

幸福を追求する。（　　）

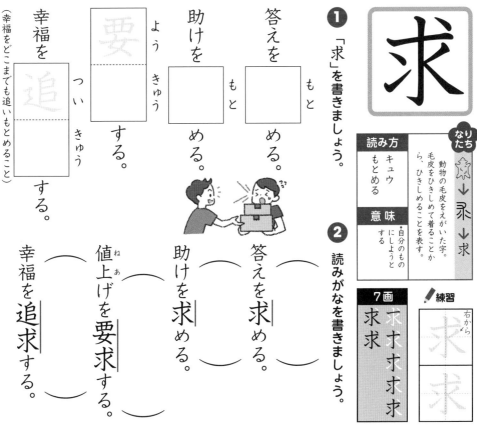

沖

なりたち
「氵(みず)」と「中(真ん中)」とを合わせた字。日本では、海や湖の陸地から遠くはなれた海面や湖面を表す。

読み方
おき
(チュウ)

意味
•岸から遠くはなれた海上

練習

7画
沖沖沖沖沖沖沖

❶ 「沖」を書きましょう。

海の□《おき》。

□《おき》合《あ》い。

□縄《おきなわ》を旅行する。

❷ 読みがなを書きましょう。

海の沖（　）。

沖（　）合いの船。

沖縄（　）の美しい海。

泣

なりたち
「氵(みず)」と「立(『粒(つぶ)』をかん単《たん》にした形)」を合わせた字。つぶのようななみだを出してなくことを表す。

読み方
なく
(キュウ)

意味
•なみだを流して声を出す

練習
上より長く

8画
泣泣泣泣泣泣泣泣

❶ 「泣」を書きましょう。

大声で□《な》く。

□《な》き声。

赤ちゃんの□《な》き顔。

❷ 読みがなを書きましょう。

大声で泣（　）く。

弟の泣（　）き声。

赤ちゃんの泣（　）き顔。

法

なりたち
もとの字は「灋」。昔、島に動物をおしこめ、外に出られないようにした様子から、人の守るきまりを表すようになった。

読み方
ホウ
(ハッ)
(ホッ)

意味
•きまり
•おきて
•仏《ほとけ》の教え
•やり方

練習
とめる↑

8画
法法法法法法法法

❶ 「法」を書きましょう。

方□《ほうほう》。

□《ほう》りつ。

礼ぎ作□《さほう》。

❷ 読みがなを書きましょう。

練習の方法（　）。

法（　）りつを守る。

礼ぎ作法（　）を身につける。

治

なりたち
「氵(みず)」と「台(声をかけて道具で工事する)」を合わせ、こう水をふせぐ工事を表す。国をおさめる大切な仕事なのでおさめる意味になった。

読み方
ジ・チ
おさめる
おさまる
なおる
なおす

意味
•みだれをととのえる
•なおる

8画
治 治 治 治 治 治 治 治

練習
おる↓
治 治

1 「治」を書きましょう。

明《めい》□《じ》時代。

歯を□《ち》りょうする。

病気が□《なお》る。

国を□《おさ》める。

2 読みがなを書きましょう。

明治時代。（　　）

歯を治りょうする。（　　）

重い病気が治る。（　　）

国を治める。（　　）

浅

なりたち
もとの字は「淺」。「氵(みず)」と「戔(ほこでけずって小さくする)」を合わせた字。水が少ないことからあさい意味を表す。

読み方
(セン)
あさい

意味
•度合いや程度が少ない
•色がうすい

9画
浅 浅 浅 浅 浅 浅 浅 浅 浅

練習
わすれずに
浅 浅

1 「浅」を書きましょう。

□《あさ》い川。

遠《とお》□《あさ》の海。

ねむりが□《あさ》い。

□《あさ》い緑色。

2 読みがなを書きましょう。

浅い川。（　　）

遠浅の海で泳ぐ。（　　）

ねむりが浅い。（　　）

浅い緑色のわか葉。（　　）

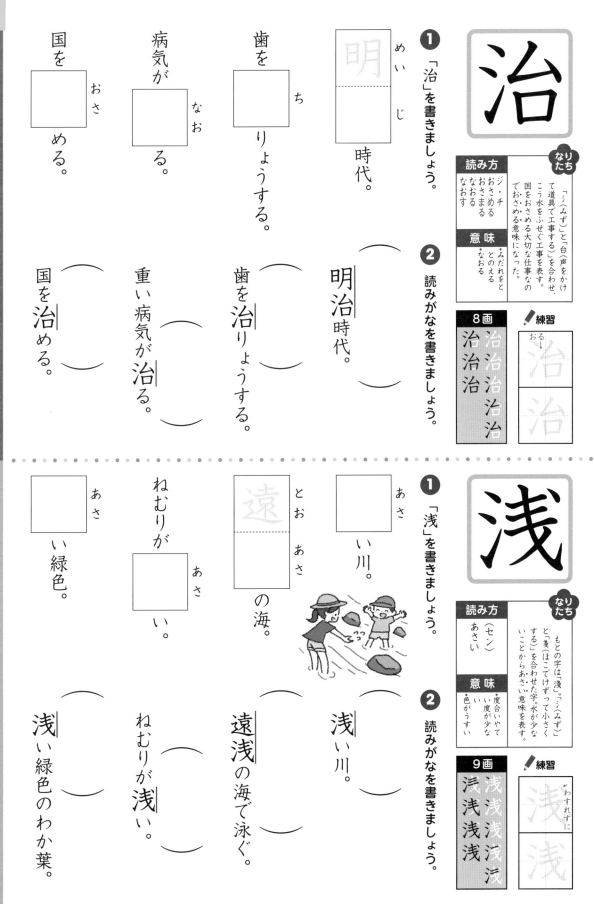

ドリル

点

1つ・5点

1 ―線の漢字の読みがなを書きましょう。

① 大声で泣く。（　　）

② 沖に出る。（　　）

③ ねむりが浅い。（　　）

④ 明治時代。（　　）

⑤ 助けを求める。（　　）

⑥ 赤ちゃんの泣き顔。（　　）

⑦ 練習の方法。（　　）

⑧ 浅い緑色。（　　）

⑨ 国を治める。（　　）

⑩ 幸福を追求する。（　　）

2 読みがなにあう漢字を書きましょう。

① □《な》き顔になる。

② □《おき》に見える島。

③ 新しい□□《ほうほう》。

④ □《あさ》い川。

⑤ □《ち》りょうする。

⑥ 答えを□《もと》める。

⑦ □□《とおあさ》の海。

⑧ 転んで□《な》く。

⑨ 要《よう》□《きゅう》する。

⑩ 病気が□《なお》る。

浴

なりたち 「氵(みず)」と「谷(くぼんだあな)」を合わせた字。くぼんだところにたまった水をあびることを表す。

読み方 ヨク／あびる／あびせる

意味 ・水や湯、光などを体にあびる

10画

練習 あける↓ 浴 浴

❶ 「浴」を書きましょう。

光を□《あ》びる。水《みず》□《あ》び。

海水□《かいすいよく》に行く。

❷ 読みがなを書きましょう。

日光を浴びる。（　　）　水浴び。（　　）

海水浴でにぎわう。（　　）

清

なりたち 「氵(みず)」と「青(すみきっていること)」を合わせた字。きよく・すんだ水を表す。

読み方 セイ(ショウ)／きよい／きよまる／きよめる

意味 ・すみきってけがれがない ・きれいにする

11画

練習 清 清 はねる

❶ 「清」を書きましょう。

□《きよ》い心。身を□《きよ》める。

文を□書《せいしょ》する。

❷ 読みがなを書きましょう。

清い流れ。（　　）　体を清める。（　　）

作文を清書する。（　　）

滋

なりたち 「氵(みず)」と「茲」を合わせた字。植物の小さいめがどんどんふえることを表す。

読み方 (ジ)／―

意味 ・草木がしげる ・えいようがある

12画

練習 滋 滋 とめる

❶ 「滋」を書きましょう。

□賀《しが》県《けん》に住む。
※「しが」はとくべつな読み。

□賀《しが》県大《おお》津《つ》市《し》。

❷ 読みがなを書きましょう。

滋賀県に住む。（　　）

滋賀県大《おお》津《つ》市《し》。（　　）

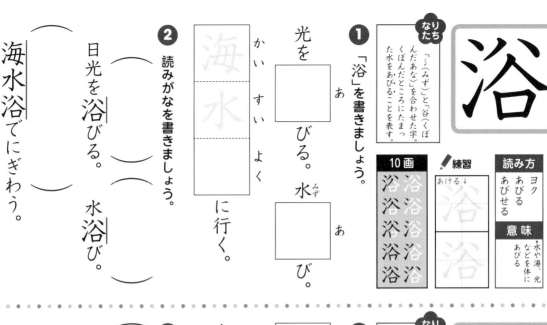

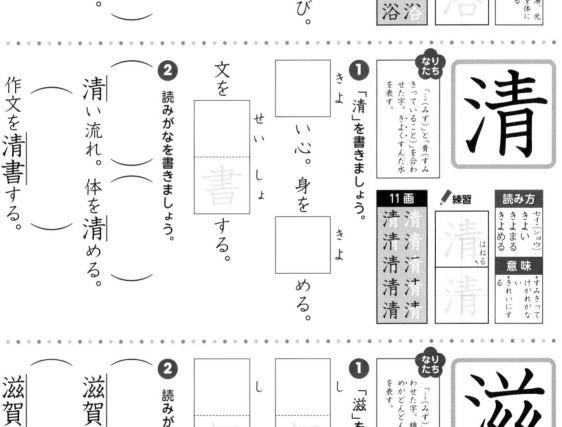

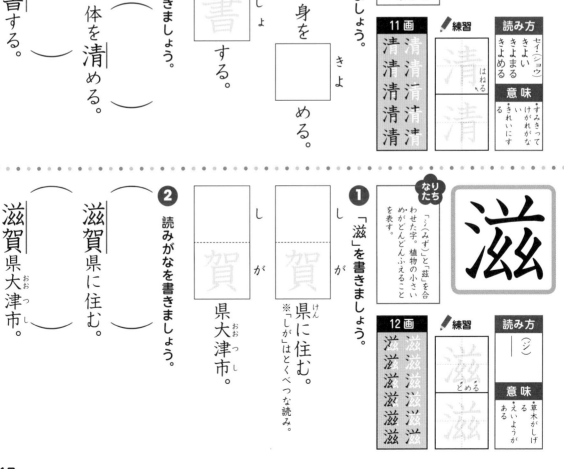

満

なりたち 「氵(みず)」と「満(毛皮をたらしておおう)」を合わせた字。水がおおいかぶさるほどいっぱいになることを表す。

読み方 マン　みちる　みたす

意味 •いっぱいになる　•みちたりる

12画

練習 はねる↑

1 「満」を書きましょう。

月が□《み》ちる。□《み》たす。

□《まん》員《いん》電車に乗る。

2 読みがなを書きましょう。

月が満ちる。（　　）水を満たす。（　　）

電車が満員になる。（　　）

漁

なりたち 「氵(みず)」と「魚(さかな)」を合わせた字。川や海で魚をとることを表す。

読み方 ギョ　リョウ

意味 •魚や海草などをとる

14画

練習 点の打ち方に注意

1 「漁」を書きましょう。

□《ぎょ》業《ぎょう》。かつお□《りょう》。

大《たい》□《りょう》が続《つづ》く。

2 読みがなを書きましょう。

遠洋漁業の船。（　　）漁に出る。（　　）

大漁をよろこぶ。（　　）

潟

なりたち 「氵(みず)」と「舃(移動《いどう》すること)」を合わせた字。水が移動《いどう》すること、海水がさしたり引いたりする干潟を表す。

読み方 かた

意味 •しおのみちひきであらわれたりかくれたりする所

15画

練習 あける←

1 「潟」を書きましょう。

干《ひ》□《がた》が広がる。

新《にい》□《がた》県《けん》でとれたお米。

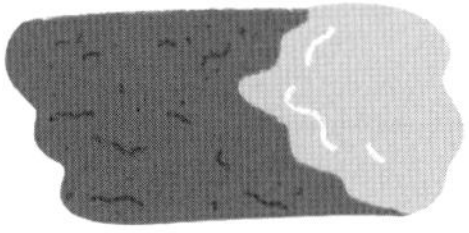

2 読みがなを書きましょう。

干《ひ》潟が広がる。（　　）

新潟県でくらす。（　　）

ドリル

点

1つ・5点

❶ ―線の漢字の読みがなを書きましょう。

① 満足そうな顔。（　　）

② 水浴びをする。（　　）

③ 滋賀県《けん》。（　　）

④ 海水浴に行く。（　　）

⑤ 水を満たす。（　　）

⑥ 大漁が続《つづ》く。（　　）

⑦ 谷川の清い流れ。（　　）

⑧ 清潔《けつ》なトイレ。（　　）

⑨ 漁港が見える。（　　）

⑩ 新潟県。（　　）

❷ 読みがなにあう漢字を書きましょう。

① □□（まんいん）電車。

② 遠洋□□（ぎょぎょう）。

③ □□（せいしょ）する。

④ □□□（かいすいよく）。

⑤ かつお□（りょう）。

⑥ （　）（きよ）い流れ。

⑦ □賀（しが）県。

⑧ 水を（　）（あ）びる。

⑨ □□（にいがた）県。

⑩ 月が（　）（み）ちる。

まとめドリル

□点
1つ・5点

❶ 読みがなにあう漢字を書きましょう。

① 海水《かいすい》□《よく》。

② 友達《ともだち》との□《やく》束《そく》。

③ □《な》き顔。

④ □《ほう》りつの勉強。

⑤ テニスの□《し》合《あい》。

⑥ 漢字の□《くん》。

⑦ 放《ほう》□《か》後《ご》に行う。

⑧ □《し》賀《が》県《けん》に行く。

⑨ 干《ひ》□《がた》の景色《けしき》。

⑩ 不思《ふし》□《ぎ》に思う。

❷ 読みがなにあう漢字を書きましょう。

① □《まん》□《いん》電車。

② 人に□《せつ》□《めい》する。

③ □《きゅう》□《しょく》の係。

④ □《おき》□《なわ》の海。

❸ 次のことばを漢字と送りがなで〔　〕に書きましょう。

① 〔　〕《あさい》海。

② 協力《きょうりょく》を〔　〕《もとめる》。

③ 国を〔　〕《おさめる》。

④ 〔　〕《きよらか》な心。

⑤ 道が〔　〕《つづく》。

⑥ ひもを〔　〕《むすぶ》。

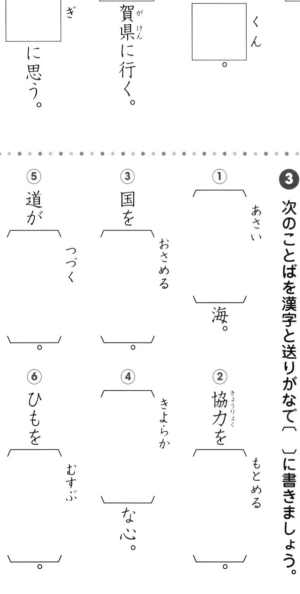

4 「人《ひと》・イ《にんべん》・𠆢《ひとやね》」のつく漢字

付・仲・伝・位・例・信・低・便・候・借・健・働・側・佐・億・令・倉・以

人

なりたち

「人《ひと》」は、立っているひとのすがたを横からえがいた形です。また、「イ《にんべん》・𠆢《ひとやね》」は、「人」の変化《へんか》した形です。

「人・イ・𠆢」のつく漢字には、人の動作や様子に関係《かんけい》するものが多くあります。

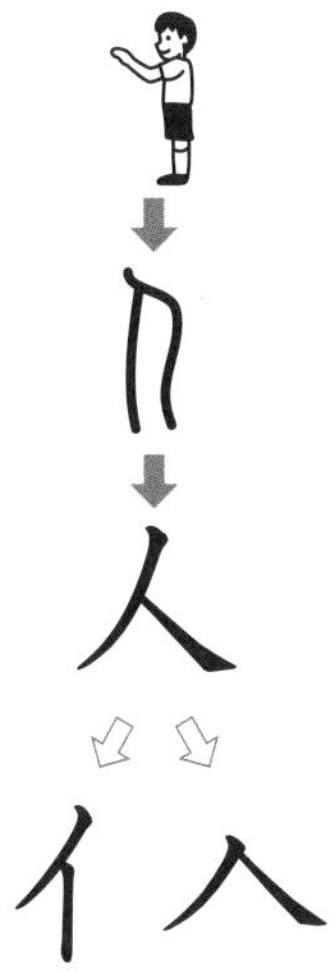

漢字	主な読み方	※○数字は習う学年
人	ジン ニン ひと	①
休	キュウ やすむ	①
今	コン (キン) いま	②
会	カイ (エ) あう	②
何	(カ) なに なん	②
作	サク サ つくる	②
体	タイ (テイ) からだ	②
仕	シ (ジ) つかえる	③
他	タ ほか	③
代	ダイ タイ かわる	③
全	ゼン まったく すべて	③
住	ジュウ すむ すまう	③
使	シ つかう	③
係	ケイ かかる かかり	③
倍	バイ —	③
以	イ —	④
付	フ つける つく	④
令	レイ —	④
仲	(チュウ) なか	④
伝	デン つたわる	④
位	イ くらい	④
佐	サ —	④
低	テイ ひくい	④
例	レイ たとえる	④
信	シン —	④
便	ベン ビン たより	④
候	コウ (そうろう)	④
借	シャク かりる	④
倉	ソウ くら	④
健	ケン (すこやか)	④
側	ソク がわ	④
働	ドウ はたらく	④
億	オク —	④

付

読み方
フ
つける
つく

意味
・くっつける
・そえる
・あたえる

なりたち
「イ(ひと)」と「寸(て)」を合わせた字で、人の後ろに、手をぴったりつけた様子を表す。ぴったりつく、つけるという意味を表す。

5画
付 付 付 付 付

練習
付 付（はねる）

1 「付」を書きましょう。

学校の□《ふ》近《きん》。

ざっしの□《ふ》録《ろく》。

えさを□《つ》ける。

どろが□《つ》く。

2 読みがなを書きましょう。

学校の付近。（　　）

ざっしの付録。（　　）

はりにえさを付ける。（　　）

どろがズボンに付く。（　　）

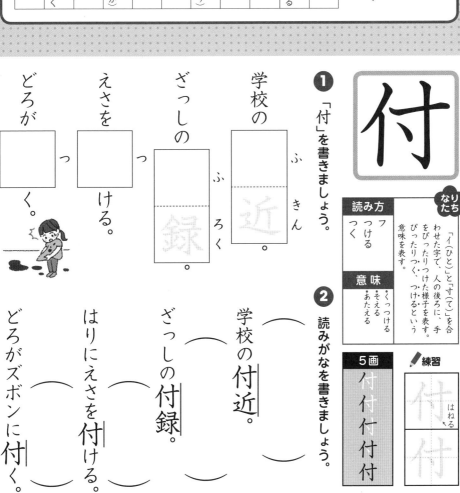

仲

なりたち
「亻(ひと)」と「中(まんなか)」を合わせた字で、人と人との間がら、人と人の間に入ってとりもつ人を表す。

読み方
(チュウ)
なか

意味
•人と人の間がら

練習
はねない

6画
仲

❶ 「仲」を書きましょう。

□《なか》間《ま》。

□《なか》が良《よ》い。

□《なか》良《よ》くする。

❷ 読みがなを書きましょう。

野球の仲間。（　　）（　　）仲が良い。（　　）

友達《ともだち》と仲良くする。（　　）

伝

なりたち
もとの字は「傳」。「亻(ひと)」と「専(糸まきで糸をより合わせ、よりがつたわる)」から、人から人へつたえることを表す。

読み方
デン
つたわる
つたえる
つたう

意味
•つたわる
•受けつぐ
•知らせる

練習
とめる

6画
伝

❶ 「伝」を書きましょう。

□《でん》記《き》。話が□《つた》わる。

仏教《ぶっきょう》が□《つた》わる。

❷ 読みがなを書きましょう。

伝記を読む。（　　）話が伝わる。（　　）

仏教《ぶっきょう》が中国から伝わる。（　　）

漢字の組み立て①

漢字の中には、二つの部分に分けられるものが多くあります。それらは、いくつかのグループに分けることができます。

へん

ここでは、左右に分けた左《ひだり》側《がわ》につくものを取り上げています。

亻(にんべん)……付・伝
口(くちへん)……味・唱
土(つちへん)……坂・塩
女(おんなへん)……始・好
彳(ぎょうにんべん)…徒・得
阝(こざとへん)……陸・隊

「へん」に当たる部分は、ほかにもたくさんあります。

位

なりたち
「イ(ひと)」と「立(人が立っている様子)」を合わせた字。その人の立つ場所や、その人のくらいを表す。

7画
位位位位位位位

練習
位 位
↗上より長く

読み方
イ
くらい

意味
•おかれたところ
•身分
•じゅん番

1 「位」を書きましょう。

□《い》置《ち》。 一《いち》□《い》。

□《くらい》の高い人。

2 読みがなを書きましょう。

家具の位置(　　)。一位(　　)になる。

位(　　)の高い人。

例

なりたち
「イ(ひと)」と「列(刀でほねを切りはなしてならべる)」を合わせた字。同じものが、いくつもならぶ様子を表す。

8画
例例例例例例例例

練習
例 例
↖はらう

読み方
レイ
たとえる

意味
•見本としてしめす
•同じようなもののなかま

1 「例」を書きましょう。

□《れい》をあげる。 □《れい》題《だい》。

□《たと》えばの話をする。

2 読みがなを書きましょう。

例(　　)をあげる。 例題(　　)。

例(　　)えばの話をする。

信

なりたち
「イ(ひと)」と「言(はっきりいう)」を合わせた字。一度言ったことをおし通す人のことから、うそがないことを表す。

9画
信信信信信信信信信

練習
信 信
↙はなす

読み方
シン
—

意味
•しんじる
•うたがわない
•合図

1 「信」を書きましょう。

□《しん》号《ごう》。 □《しん》用《よう》。

自《じ》□《しん》がある。

2 読みがなを書きましょう。

信号(　　)を守る。 信用(　　)する。

国語には自信(　　)がある。

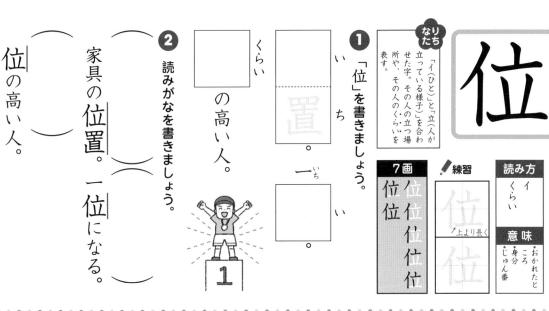

ドリル

点
1つ・5点

1 ―線の漢字の読みがなを書きましょう。

① 仲良くする。（　）
② えさを付ける。（　）
③ ざっしの付録。（　）
④ 自信がある。（　）
⑤ 人を信用する。（　）
⑥ 位置を変《か》える。（　）
⑦ うわさが伝わる。（　）
⑧ 算数の例題。（　）
⑨ 位の高い人。（　）
⑩ 伝記を読む。（　）

2 読みがなにあう漢字を書きましょう。

① 一《いち》［　］《い》になる。
② ［　］《なか》が良《よ》い。
③ ［　　］《しんごう》を守る。
④ ［　　］《じしん》をもつ。
⑤ 学校の［　　］《ふきん》。
⑥ 〔　〕《たと》えばの話。
⑦ 野球の［　　］《なかま》。
⑧ どろが〔　〕《つ》く。
⑨ 家具の［　置］《いち》。
⑩ 話が〔　〕《つた》わる。

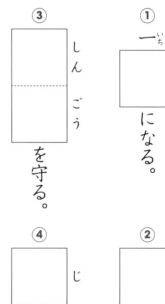

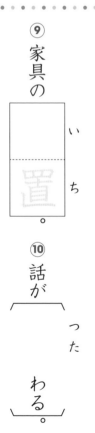

低

なりたち
「イ（ひと）」と「氐（積《つ》み上げた物のいちばんひくいところをしめした字）」を合わせた字。せのひくい人、ひくいことを表す。

読み方
テイ
ひくい
ひくめる
ひくまる

意味
•ひくい
•下である
•さげる
•さがる

7画
低低低低低低低

練習
わすれずに↑

1 「低」を書きましょう。

音の高□《こうてい》。

最□《さいてい》気温。

□《ひく》い山。

頭を□《ひく》める。

2 読みがなを書きましょう。

音の高低がはげしい。（　　）

この冬の最低気温。（　　）

低い山に登る。（　　）

頭を低める。（　　）

便

なりたち
「イ（ひと）」と「更（ぴんとはってしめる）」を合わせた字。ひきしめてかたくなったものを、人がならして使いやすくすることを表す。

読み方
ベン
ビン
たより

意味
•つごうがよい
•手紙
•つうじ

9画
便便便便便便便便便

練習
つき出さない

1 「便」を書きましょう。

□《べん》利《り》な道具。

不《ふ》□《べん》な地いき。

ゆう□《びん》を出す。

父の□《たよ》り。

2 読みがなを書きましょう。

便利な道具。（　　）

不便な地いき。（　　）

ゆう便を出す。（　　）

父の便りを読む。（　　）

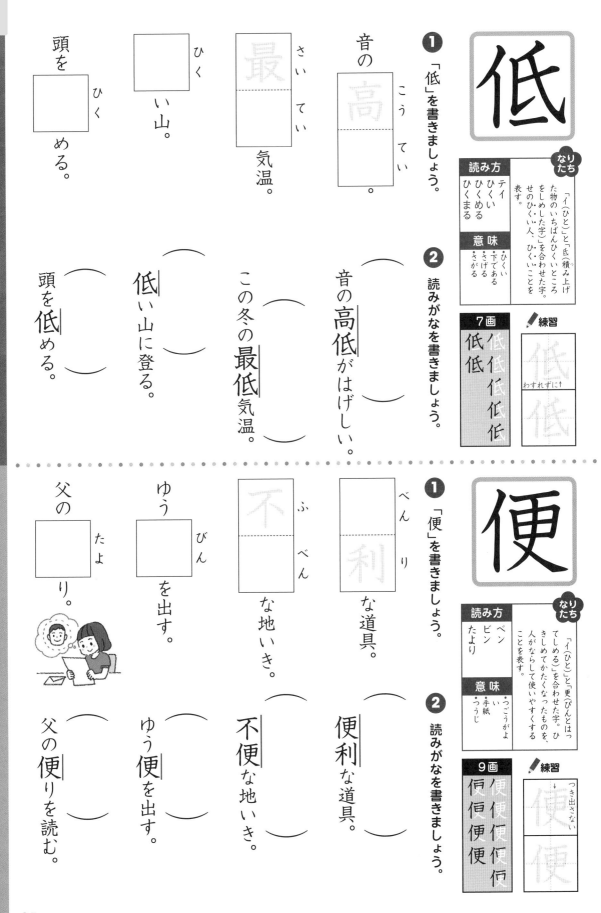

候

なりたち
「イ(ひと)」と「矦(矢でねらいうかがう)」を合わせた字。様子をうかがうこと、ものごとの様子やきざしを表す。

10画
候 候 候 候 候 候 候 候 候 候

練習
わすれずに
候 候

読み方
コウ
(そうろう)

意味
•ものごとのきざし
•待ちのぞむ

❶ 「候」を書きましょう。

気□《きこう》。

天□《てんこう》。

立《りっ》□《こう》補《ほ》する。

❷ 読みがなを書きましょう。

寒い気候。(　　　)

山の天候。(　　　)

委員に立候補《ほ》する。(　　　)

借

なりたち
「イ(ひと)」と「昔(日を重ねる)」を合わせた字。自分の物が足りないときに、人から重ねてもらう、かりることを表す。

10画
借 借 借 借 借 借 借 借 借 借

練習
上より長く
借 借

読み方
シャク
かりる

意味
•かりる

❶ 「借」を書きましょう。

本を□《か》りる。

□金《しゃっきん》。

□用《しゃくよう》書《しょ》を書く。

❷ 読みがなを書きましょう。

本を借りる。(　　　)

借金する。(　　　)

借用書を書く。(　　　)

漢字の組み立て②

22ページでは、漢字を左右に分けた左側《ひだりがわ》の部分につくものを取り上げました。

ここでは、右側《みぎがわ》につくものを見てみましょう。

つくり

刂(りっとう)……列・別
力(ちから)……助・功
卩(ふしづくり)……印
彡(さんづくり)……形
攵(ぼくにょう)…改・散

ほかにも、「つくり」に当たる部分をさがしてみましょう。

健

読み方
ケン
（すこやか）

意味
●じょうぶなこと
●すこやか

練習
健 健（つき出す）

11画

なりたち
「イ（ひと）」と「建（まっすぐに立てて進む）」を合わせた字。人がまっすぐ進むように元気なことを表す。

1 「健」を書きましょう。

けん こう
□康。

保《ほ》 けん □ 室《しつ》。

けん
□とうをたたえる。
（いっしょうけんめいにたたかったことをたたえる）

2 読みがなを書きましょう。

健康な体。（　）

保《ほ》健室。（　）

健とうをたたえる。（　）

働

読み方
ドウ
はたらく

意味
●仕事をする

練習
働 働（はねる）

13画

なりたち
「イ（ひと）」と「動（力を入れてうごくこと）」を合わせた字。人が体を動かしてはたらくことを表す。日本で作られた字。

1 「働」を書きましょう。

ろう どう
労□。

工場で はたら □く。

牧場《ぼくじょう》の はたら □き手。
（牧場ではたらく人）

2 読みがなを書きましょう。

労働時間。（　）

工場で働く。（　）

牧場の働き手。（　）

日本で作られた漢字

漢字は、もともと中国で作られたものです。しかし、中には、日本で作られた字もあります。そのような字を「国字《こくじ》」といいます。

「働」という字を見てみましょう。

動（うごく）　イ（ひと）
↘↙
働（はたらく）

「畑」も、日本で作られた漢字です。

田（た）　火（ひ）
↘↙
畑（はたけ）

ドリル

□点
1つ・5点

1 ―線の漢字の読みがなを書きましょう。

① 牧場《ぼくじょう》の働き手。（　）
② 父の便り。（　）
③ 音の高低。（　）
④ かさを借りる。（　）
⑤ 立《りっ》候補《ほ》する。（　）
⑥ 労働時間。（　）
⑦ 不便な地いき。（　）
⑧ 健康に注意する。（　）
⑨ 頭を低める。（　）
⑩ 山の天候。（　）

2 読みがなにあう漢字を書きましょう。

① 保《ほ》□《けん》室《しっ》。
② □《しゃっ》□《きん》する。
③ ゆう□《びん》を出す。
④ 最《さい》□《てい》気温。
⑤ 寒い□《き》□《こう》。
⑥ 本を（　）《か》りる。
⑦ □《けん》康《こう》な体。
⑧ （　）《ひく》い山。
⑨ □《べん》利《り》な道具。
⑩ 工場で（　）《はたら》く。

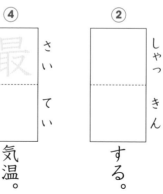

側

なりたち 「イ(ひと)」と「則(うつわとナイフで、くっついてはなれない)」を合わせ、人にくっついているそば、こちらがわを表す。

11画 側

練習 側 側(はねる)

読み方 ソク がわ

意味 ・そば ・わき ・よこ ・一方

❶ 「側」を書きましょう。

右□《みぎがわ》。 かた□《がわ》。

建物《たてもの》の□面《そくめん》。

❷ 読みがなを書きましょう。

右側(　　)を歩く。かた側(　　)による。

建物の側面(　　)。

佐

なりたち 「イ(ひと)」と「左(ささえる)」を合わせた字。ささえる、わきから助けることを表す。

7画 佐

練習 佐 佐(はらう)

読み方 サ

意味 ・助ける

❶ 「佐」を書きましょう。

リーダーを補《ほ》□《さ》する。

□賀《さが》県《けん》の有明海《ありあけかい》。

❷ 読みがなを書きましょう。

リーダーを補《ほ》佐(　　)する。

旅行で佐賀(　　)県に行く。

億

なりたち 「イ(ひと)」と「意(心の中でたくさん考えること)」を合わせた字。心で考えるかぎりの大きな数を表す。

15画 億

練習 億 億(はねる)

読み方 オク

意味 ・おく ・数がとても多いこと

❶ 「億」を書きましょう。

三《さん》□《おく》年《ねん》前。 □《おく》の位《くらい》。

□万《おくまん》長者《ちょうじゃ》。

❷ 読みがなを書きましょう。

三億(　　)年前。 億(　　)の位。

億万(　　)長者になるゆめ。

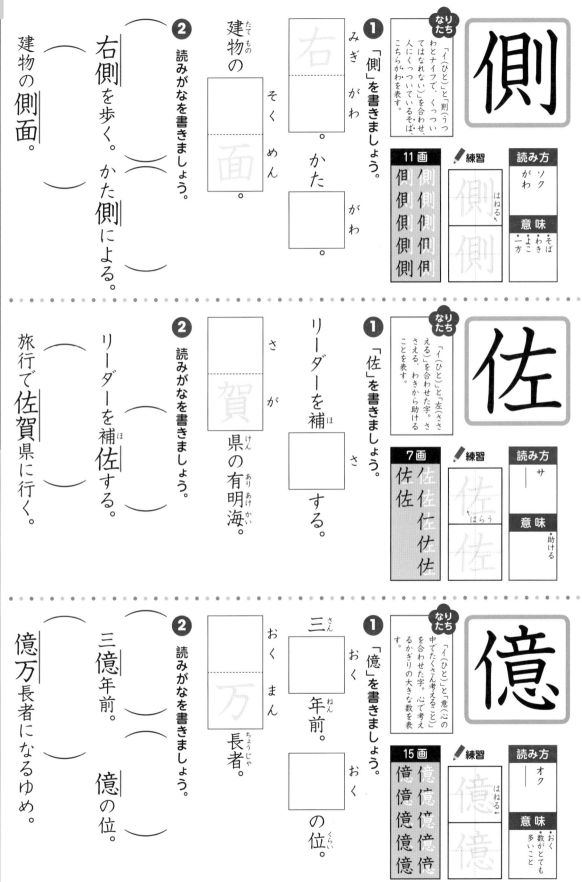

令

なりたち
「亼（集める印《しるし》）」と「マ（ひざまずいた人）」を合わせた字。多くの人を集め、神様や王様が言いつけをする様子を表す。

5画
令 令 令 令 令

練習
令 令（とめる）

読み方
レイ

意味
・言いつける

1 「令」を書きましょう。

めいれい
命□。

ごうれい
号□。

でんれい
伝□を出す。

2 読みがなを書きましょう。

命令（　　）する。号令（　　）をかける。

かんとくが伝令（　　）を出す。

倉

なりたち
「亼（食べ物を表す『食』をかん単《たん》にした字）」と「口（四角い場所）」を合わせ、作物や物をしまっておく建物《たてもの》を表す。

10画
倉 倉 倉 倉 倉 倉 倉 倉 倉 倉

練習
倉 倉（はらう）

読み方
ソウ
くら

意味
・こく物などをしまっておくたてもの

1 「倉」を書きましょう。

そうこ
□庫。

くら
□の中。

こめぐら
米□。

※「蔵」とも書く。「蔵」の「くら」の読み方は、小学校では習わない。

2 読みがなを書きましょう。

倉庫（　　）にしまう。倉（　　）の中。

米倉（　　）が立ちならぶ。

以

なりたち
木のすき（道具）と手を合わせた字。仕事をすることから、「〜を使って」の意味になった。

5画
以 以 以 以 以

練習
以 以（とめる）

読み方
イ

意味
・〜より
・〜から

1 「以」を書きましょう。

いじょう
□上。

いか
□下。

いない
五分□内。

2 読みがなを書きましょう。

四年生以上（　　）。小学生以下（　　）。

五分以内（　　）に帰ってくる。

ドリル

点

1つ・5点

1 —線の漢字の読みがなを書きましょう。

① かた側による。（　　）

② 号令をかける。（　　）

③ 側面の形。（　　）

④ 補《ほ》佐する人。（　　）

⑤ 億万長者のゆめ。（　　）

⑥ 学校の倉庫。（　　）

⑦ 伝令を出す。（　　）

⑧ 小学校以下の子。（　　）

⑨ 佐賀《が》県《けん》。（　　）

⑩ 米倉が立ちならぶ。（　　）

2 読みがなにあう漢字を書きましょう。

① 三《さん》□《おく》年《ねん》前。

② □□《みぎがわ》を歩く。

③ □《くら》の中。

④ 四年生□□《いじょう》。

⑤ □□《めいれい》する。

⑥ 建《たて》物《もの》の□□《そくめん》。

⑦ □賀《さが》県。

⑧ □□《そうこ》にしまう。

⑨ □□《おくまん》長者。

⑩ 五分□□《いない》。

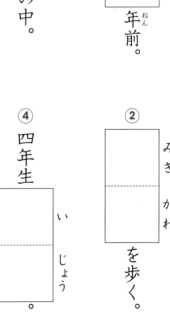

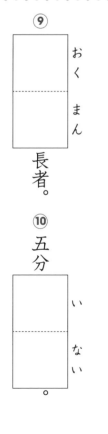

まとめドリル

□点
1つ・5点

1 読みがなにあう漢字を書きましょう。

① □《なか》が良《よ》い。

② 右《みぎ》□《がわ》を歩く。

③ 立つ□《い》置《ち》。

④ 補《ほ》□《さ》する。

⑤ □《ひく》い建物《たてもの》。

⑥ 十人□《い》上《じょう》の人。

⑦ 山の天《てん》□《こう》。

⑧ 暗い□《そう》庫《こ》。

⑨ 二《に》□《おく》年《ねん》前。

⑩ 学校の保《ほ》□《けん》室《しつ》。

2 読みがなにあう漢字を書きましょう。

① 道の□□《しんごう》。

② □□《しあい》が始まる。

③ □□《めいれい》する。

④ 遠洋□□《ぎょぎょう》。

3 次のことばを漢字と送りがなで〔　〕に書きましょう。

① よい〔　〕《たより》。

② うわさが〔　〕《つたわる》。

③ よく〔　〕《はたらく》。

④ 〔　〕《たとえば》の話。

⑤ 取り〔　〕《つける》。

⑥ かさを〔　〕《かりる》。

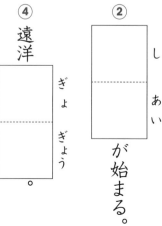

5 「力《ちから》」のつく漢字

加・功・労・努・勇

力

なりたち

「力《ちから》」は、ちからをぎゅっと入れた、うでの形をえがいたものです。

「力」のつく漢字には、いっしょうけんめいに何かをすることに関係《かんけい》するものが多くあります。

※○数字は習う学年

漢字	主な読み方
力①	リョク リキ ちから
助③	ジョ たすける (すけ)
勉③	ベン ―
動③	ドウ うごく うごかす
勝③	ショウ かつ (まさる)
加④	カ くわえる くわわる
功④	コウ (ク) ―
努④	ド つとめる
労④	ロウ ―
勇④	ユウ いさむ
効⑤	コウ きく
務⑤	ム つとめる
勢⑤	セイ いきおい

加

読み方

カ
くわえる
くわわる

意味

・ふやす
・なかまに入る

なりたち

「力(ちから)」と「口(くち)」を合わせた字。力を入れるときに、手の力にそえて口でかけ声をかけて、助けることを表す。

5画

加 加 加 加 加

練習

加 ↑はねる

加

❶ 「加」を書きましょう。

さんか　参□する。

かこう　魚を□工する。

くわ　力を□える。

くわ　仲間《なかま》に□わる。

❷ 読みがなを書きましょう。

運動会に参加する。(　　　)

魚を加工する。(　　　)

強い力を加える。(　　　)

仲間に加わる。(　　　)

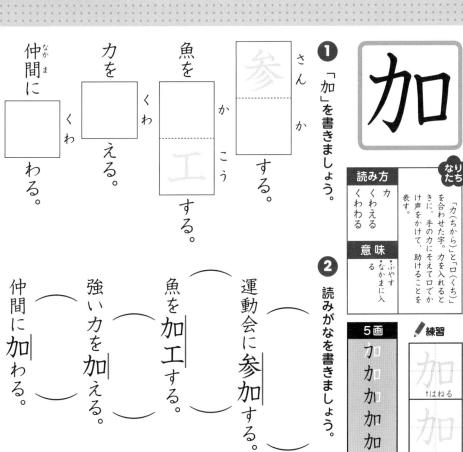

功

なりたち
「工(むずかしい工作)」と「力(ちから)」を合わせた字。がんばって仕事をすることから、やりとげた仕事や手がらを表す。

読み方
コウ
(ク)

意味
•てがら
•なしとげた仕事

練習
功 功
はらう

5画
功 功 功 功 功

❶「功」を書きましょう。

実験《じっけん》の せいこう(成□)。

町の こうろうしゃ(□労者)。

❷ 読みがなを書きましょう。(町の人のために力をつくした人)

実験の成功。( )

町の功労者。( )

労

なりたち
もとの字は「勞」。「𤇾(かがり火がもえる様子)」と「力(ちから)」を合わせ、力のかぎり働《はたら》くことや働いてつかれることを表す。

読み方
ロウ

意味
•はたらいてつかれる

練習
点の向きに注意
労 労

7画
労 労 労 労 労 労 労

❶「労」を書きましょう。

くろう(苦□)。

ろうどう(□働)。

❷ 読みがなを書きましょう。(はたらくのにひつような力を省く)

ろうりょく(□力)を省《はぶ》く。

苦労する。( )

労働時間。( )

労力を省く。( )

音《おん》を表す漢字の部分

「功」という字の左側《ひだりがわ》は、「工」という形です。「工」は「エ」のことで、「コウ」と読みますね。このように、漢字の中には、音を表す部分が入っているものがあります。

清…清流《セイりゅう》
「青」の「セイ」。

冷…冷《レイ》ぞう庫。
「令」の「レイ」。

案…案内《アンない》
「安」の「アン」。

これまでに習った漢字の中からさがしてみましょう。

努

なりたち
「奴（ねばり強く働《はたら》く女のめしつかい）」と「力（ちから）」を合わせた字。ねばり強く力を入れてがんばることを表す。

読み方
ド
つとめる

意味
・力いっぱいがんばる

7画
努 努

練習
つけない

1 「努」を書きましょう。

［　］［力］《どりょく》が実る。

［　］［力］［家］《どりょくか》。

早起きに［　］《つと》める。

体力の向上に［　］《つと》める。

2 読みがなを書きましょう。

努力（　　）が実る。

努力家（　　）の父。

早起きに努（　　）める。

体力の向上に努（　　）める。

勇

なりたち
「甬（地面を足でつくこと）」と「力（ちから）」を合わせた字。力を入れて足ぶみする様子から、いさましいことを表す。

読み方
ユウ
いさむ

意味
・心が強くものごとをおそれない

9画
勇 勇 勇 勇

練習
はねる

1 「勇」を書きましょう。

［　］［気］《ゆうき》を出す。

［　］《ゆう》かんに戦《たたか》う。

［　］《いさ》ましい行進曲。

［　］《いさ》ましく戦う。

2 読みがなを書きましょう。

勇気（　　）を出す。

勇（　　）かんに戦う。

勇（　　）ましい行進曲。

勇（　　）ましく戦う。

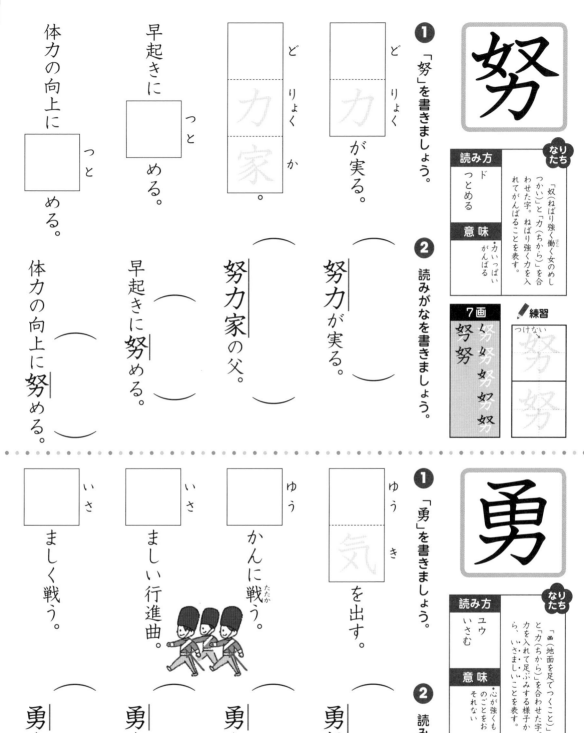

ドリル

1つ・5点

点

1 ―線の漢字の読みがなを書きましょう。

① 努力が実る。（　）

② ついに成功する。（　）

③ 勇かんに戦《たたか》う。（　）

④ 労力を省《はぶ》く。（　）

⑤ 苦労を重ねる。（　）

⑥ 力を加える。（　）

⑦ 解決《かいけつ》に努める。（　）

⑧ 町の功労者。（　）

⑨ 魚を加工する。（　）

⑩ 勇ましく戦う。（　）

2 読みがなにあう漢字を書きましょう。

① ゆうき［　］を出す。

② 実験《じっけん》の せいこう［成　］。

③ ろうどう［　］時間。

④ こうろうしゃ［　］。

⑤ どりょく［　］する。

⑥ 仲間《なかま》に くわ（　）わる。

⑦ くろう［　］する。

⑧ いさ（　）ましい行進曲。

⑨ さんか［参　］する。

⑩ 早起きに つと（　）める。

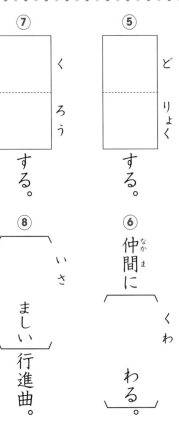

6 「木《き》・木《きへん》」のつく漢字

束・末・未・果・札・材・栄・松・梅・栃・案・機・械・極・標・梨

木

なりたち

「木《き》(木《きへん》)」は、立っているきの様子をえがいたものです。

「木」のつく漢字には、木の種《しゅ》類《るい》や木の部分の名前を表すものや、木で作ったものに関係《かんけい》するものが多くあります。

※○数字は習う学年

漢字	学年	主な読み方
木	①	ボク モク き・こ
本	①	ホン もと
村	①	ソン むら
林	①	リン はやし
校	①	コウ ―
森	①	シン もり
来	②	ライ くる (きたる)
東	②	トウ ひがし
楽	②	ガク ラク たのしい
板	③	ハン バン いた
柱	③	チュウ はしら
根	③	コン ね
植	③	ショク うえる うわる
業	③	ギョウ (ゴウ) (わざ)
様	③	ヨウ さま
横	③	オウ よこ
橋	③	キョウ はし
札	④	サツ ふだ
末	④	マツ (バツ) すえ
未	④	ミ ―
材	④	ザイ ―
束	④	ソク たば
果	④	カ はたす はてる
松	④	ショウ まつ
栄	④	エイ さかえる (はえる)
栃	④	― とち
案	④	アン ―
梅	④	バイ うめ
械	④	カイ ―
梨	④	― なし
極	④	キョク (ゴク) (きわめる)
標	④	ヒョウ ―
機	④	キ (はた)

束

読み方
ソク
たば

意味
・まとめてしばる
・動けないようにする

なりたち
「木(き)」と「口(たばねるひもの形)」を合わせた字で、たき木を集めて、ひもでたばねることを表す。

7画
束 束 束 束 束 束 束

練習
はらう↘

❶ 「束」を書きましょう。

はな たば 花[　　]を買う。

えだを たば [　　]ねる。

やく そく 約[　　]を守る。

けっ そく 結[　　]が固《かた》い。(むすびつきが固い)

❷ 読みがなを書きましょう。

花束(　　　)を買う。

えだを束(　　　)ねる。

約束(　　　)を守る。

結束(　　　)が固いチーム。

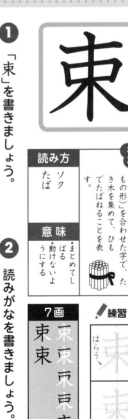

末

なりたち
「木(き)」のえだの上に「一」の印《しるし》をつけて、木の先のこずえ、はし・すえを表す。

5画
末（筆順）

練習
上を長く

読み方
マツ（バツ）
すえ

意味
・もののはしや先
・ものごとの終わり

1 「末」を書きましょう。

げつまつ
月[　][　]。

しまつ
始[　][　]。

すえ
今月の[　]の予定。

2 読みがなを書きましょう。

月末になる。（　　　）

火の始末。（　　　）

今月の末の予定。（　　　）

未

なりたち
「木(き)」のえだの先をえがいた字。じゅう分にえだがのびていないことから、「まだ～しない」という意味を表す。

5画
未（筆順）

練習
下を長く

読み方
ミ
―

意味
・「まだ～しない」
・「まだ～でない」

1 「未」を書きましょう。

みらい
[　]来。

みち
[　]知。

みまん（まだ知られていないこと）
二十歳《さい》[　]満。

2 読みがなを書きましょう。

未来の都市。（　　　）

未知の世界。（　　　）

二十歳《さい》未満を未成年《みせいねん》という。（　　　）

果

なりたち

→果→果
木に三つの実がなっている様子をえがいた字。

8画
果（筆順）

練習
つき出さない

読み方
カ
はたす
はてる
はて

意味
・くだものやる
・終わりまでやる
・はて

1 「果」を書きましょう。

けっか
結[　]。

は
世界の[　]て。

は
紙を使い[　]たす。

2 読みがなを書きましょう。

努力《どりょく》の結果。（　　　）

世界の果て。（　　　）

紙を使い果たす。（　　　）

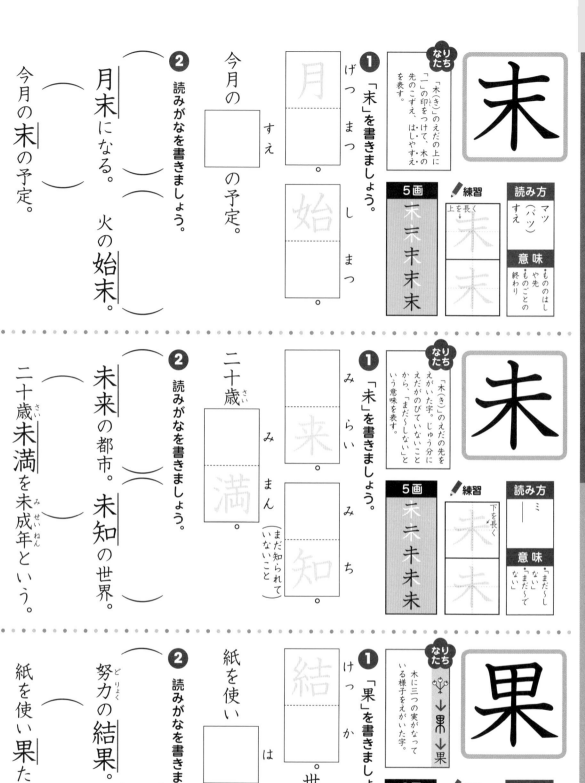

ドリル

点

1つ・5点

❶ ―線の漢字の読みがなを書きましょう。

① 未来の都市。（　　）

② 努力《どりょく》の結果。（　　）

③ 今月の末。（　　）

④ 花束を買う。（　　）

⑤ 友達《ともだち》との約束。（　　）

⑥ 二十歳《さい》未満。（　　）

⑦ つかれ果てる。（　　）

⑧ えだを束ねる。（　　）

⑨ 結束が固《かた》い。（　　）

⑩ 未知の世界。（　　）

❷ 読みがなにあう漢字を書きましょう。

① 今月の □（すえ）。

② 千円 □□（みまん）。

③ 新聞の □（たば）。

④ よい □□（けっか）。

⑤ □□（やくそく）を守る。

⑥ 火の □□（しまつ）。

⑦ 世界の □（は）て。

⑧ □□（みらい）の社会。

⑨ □□（げつまつ）。

⑩ 紙を使い［　　（はたす）］。

札

なりたち 「木(き)」と「し(ピンでとめた形)」を合わせた字で、ピンなどでとめた木のふだを表す。

5画	練習	読み方	意味
札札札札札	札 札 はねる↑	サツ ふだ	•文字を書くふだ •紙のお金 •お守り

❶「札」を書きましょう。

なふだ（名□）。 ひょうさつ（表□）。 せんえんさつ（千円□）。

❷読みがなを書きましょう。

むねの名札（　　）。家の表札（　　）。

千円札（　　）ではらう。

材

なりたち 「木(き)」と「才(水の流れをたち切る)」を合わせた字。たち切った木を表す。

7画	練習	読み方	意味
材材材材材材材	材 材 はねる	ザイ —	•木 •もとになるもの

❶「材」を書きましょう。

ざいりょう（□料）。 ざいもく（□木）。

作文の だいざい（題□）。

❷読みがなを書きましょう。

料理《りょうり》の材料（　　）。材木（　　）置《お》き場。

作文の題材（　　）を選《えら》ぶ。

栄

なりたち もとの字は「榮」。「𤇾(かがり火で囲《かこ》む)」と「木(き)」を合わせた字。木を囲んでさいた花の様子から、さかえる意味を表す。

9画	練習	読み方	意味
栄栄栄栄栄栄栄栄栄	点の向きに注意 栄 栄	エイ さかえる (はえ) (はえる)	•さかんになる •めいよ

❶「栄」を書きましょう。

えいよう（□養）。 えいこう（□光）（ほまれ）。

国が さか（□）える。

❷読みがなを書きましょう。

食物の栄養（　　）。栄光（　　）の勝利《しょうり》。

国が栄（　　）える。

松

なりたち
「木(き)」と「公(左右に開いたすき間)」を合わせて、葉にすき間があるまつの木を表す。

8画

練習 あける

読み方
ショウ
まつ

意味
•まつの木

❶「松」を書きましょう。

□《まつ》の木。

□林《まつばやし》。

□竹梅《しょうちくばい》。

❷ 読みがなを書きましょう。

松（　　）の木。海岸の松林（　　）（　　）。

松竹梅（　　）をえがいた絵。

梅

なりたち
「木(き)」と「毎(次々と子をうむ母)」を合わせて、たくさんの実がなるうめの木を表す。

10画

練習 はねる

読み方
バイ
うめ

意味
•うめの木
•うめの実

❶「梅」を書きましょう。

□《うめ》の花。

□《うめ》ぼし。

□雨《ばいう》の時期。

❷ 読みがなを書きましょう。

梅（　　）の花。

梅（　　）ぼしの種《たね》。

梅雨（　　）の時期の天気。

※「つゆ」とも読む。

栃

なりたち
山に生える栃《とち》の木を表す字。中国からきた漢字ではなく、日本人がつくった字。

9画

練習 はねる

読み方
―
とち

意味
•とちの木

❶「栃」を書きましょう。

□《とち》の実を拾う。

□木《とちぎ》県《けん》の観光地《かんこうち》。

❷ 読みがなを書きましょう。

栃（　　）の木の木材《もくざい》。

栃木（　　）県の農産物《のうさんぶつ》。

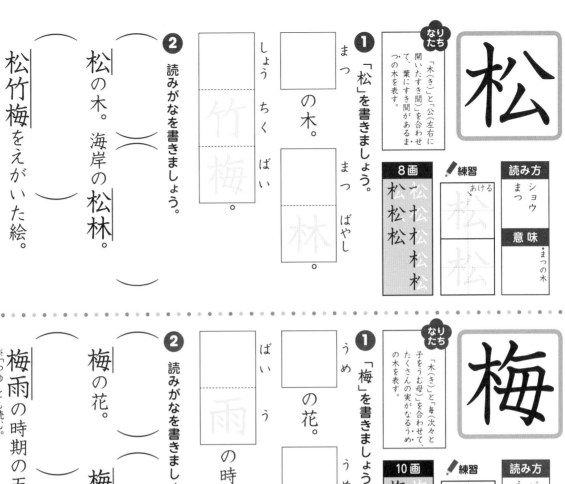

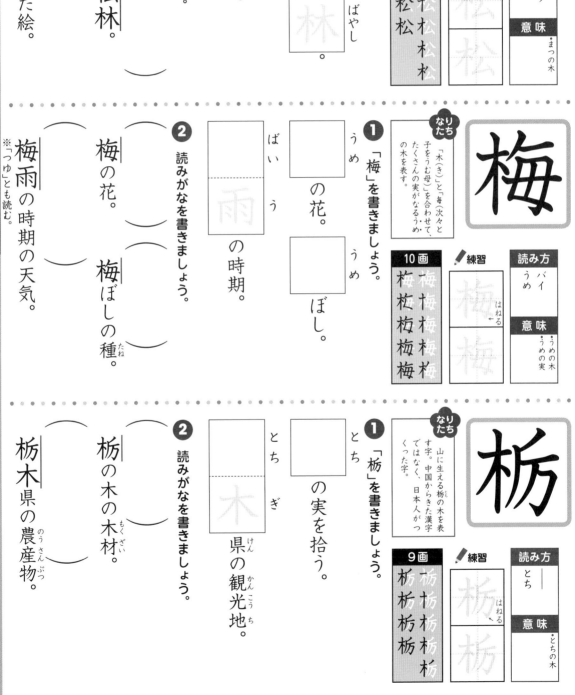

ドリル

点

1つ・5点

❶ ―線の漢字の読みがなを書きましょう。

① 梅の木。（　　）

② 料理《りょうり》の材料。（　　）

③ 国が栄える。（　　）

④ 栃木県《けん》。（　　）

⑤ 作文の題材。（　　）

⑥ 名札をつける。（　　）

⑦ 栄光の勝利《しょうり》。（　　）

⑧ 家の表札。（　　）

⑨ 海岸の松林。（　　）

⑩ 松竹梅の絵。（　　）

❷ 読みがなにあう漢字を書きましょう。

① □《まつ》の木。

② □《うめ》の花。

③ 千円□《さつ》。

④ □□《えいよう》（養）がある。

⑤ □《うめ》ぼし。

⑥ むねの□□《なふだ》。

⑦ □□《とちぎ》県。

⑧ □□《ざいりょう》（料）を買う。

⑨ □□《まつばやし》。

⑩ 町が□《さか》える。

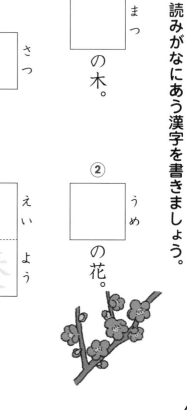

案

なりたち
「安（家で女の人が落ち着くようす）」と「木（き）」を合わせ、つくえを表した。後に、あれこれ考えることを表す。

読み方
アン
―

意味
・考える
・計画

練習（とめる）

10画
案 案 案 案 案 案 案 案 案 案

❶「案」を書きましょう。

□内《あんない》。

答□《とうあん》。

いろいろな□《あん》が出る。

❷ 読みがなを書きましょう。

案内（　）する。テストの答案（　）。

いろいろな案（　）が出る。

機

なりたち
「木（き）」と「幾（『𢆶（わずかな細い糸）』と『戈（ほこ）』を合わせた字。細かいしかけのことを表す。

読み方
キ
（はた）

意味
・しかけ
・とき

練習（わすれずに）

16画
機 機 機 機 機 機 機 機 機 機 機 機 機 機 機 機

❶「機」を書きましょう。

飛行《ひこう》□《き》。

せんたく□《き》。

□会《きかい》を待つ。

❷ 読みがなを書きましょう。（ちょうどよいとき、チャンスを待つ）

飛行機（　）。せんたく機（　）。

話す機会（　）を待つ。

械

なりたち
「木（き）」と「戒（武器《ぶき》を両手に持つ様子）」を合わせた字。木でできた武器（道具）のことから、しかけのある道具を表す。

読み方
カイ
―

意味
・しかけ
・そうち
・道具

練習（わすれずに）

11画
械 械 械 械 械 械 械 械 械 械 械

❶「械」を書きましょう。

工場の機□《きかい》。

器□《きかい》体《たい》そう。

❷ 読みがなを書きましょう。

工場の機械（　）。

器械（　）体そうの選手《せんしゅ》。

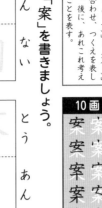

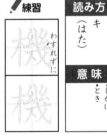

極

なりたち
「木（き）」と「亟（上と下の線の間をぴんとはる）」を合わせた字。天じょうとゆかの間の柱のことから、い・ち・ば・ん・はしの意味を表す。

12画

練習（とめる←）

読み方
キョク
（ゴク）
（きわめる）
（きわまる）
（きわみ）

意味
・このうえないこと
・はし

1 「極」を書きましょう。

南□《なんきょく》。□《きょく》たん。

積□□《せっきょくてき》な人。

2 読みがなを書きましょう。

南極（　　　）大陸《たいりく》。 極（　　）たんな話。

積極的（　　　　）に行動する。

標

なりたち
「木（き）」と「票（軽い火の粉がまい上がる）」を合わせた字。火の粉のようによく目立つ木の札《ふだ》を表し、後に、高くかかげた目印《めじるし》の意味になった。

15画

練習（はねる↑）

読み方
ヒョウ

意味
・目あて
・目じるし

1 「標」を書きましょう。

目□《もくひょう》。道路の□《ひょう》識《しき》。

こん虫の□本《ひょうほん》。

2 読みがなを書きましょう。

目標（　　　）をもつ。道路の標（　　）識《しき》。

こん虫の標本（　　　）を集める。

梨

なりたち
「木（き）」と「利（よく切れるすきのは・）」を合わせた字。さくさくと切れやすいなしの実や木を表す。

11画

練習（はねる）

読み方
なし

意味
・なしの木や実

1 「梨」を書きましょう。

□《なし》の実を食べる。

山□《やまなし》県《けん》に住む。

2 読みがなを書きましょう。

梨（　　）の実を食べる。

山梨（　　　）県を旅行する。

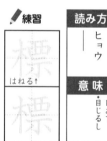

ドリル

点

1つ・5点

1 ―線の漢字の読みがなを書きましょう。

① 道を案内する。（　　）

② 外国へ行く機会。（　　）

③ 南極大《たい》陸《りく》。（　　）

④ 道路の標識《しき》。（　　）

⑤ 機械が動く。（　　）

⑥ テストの答案。（　　）

⑦ 器械体《たい》そう。（　　）

⑧ 積極的な行動。（　　）

⑨ 標準《じゅん》の時こく。（　　）

⑩ 梨を食べる。（　　）

2 読みがなにあう漢字を書きましょう。

① 今年の［もくひょう］。

② ［やまなし］県《けん》。

③ 工場の［きかい］。

④ いろいろな［あん］。

⑤ ［なんきょく］の氷。

⑥ ［器（きかい）］体そう。

⑦ ［あんない］。

⑧ ［飛（ひこうき）］。

⑨ 虫の［ひょうほん］。

⑩ ［北（ほっきょく）星（せい）］。

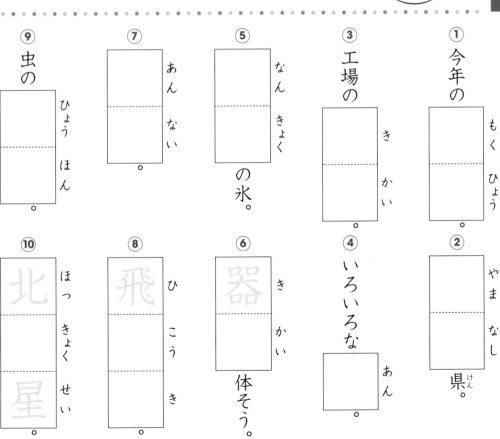

まとめドリル

点

1つ・5点

1 読みがなにあう漢字を書きましょう。

① 成《せい》□《こう》する。

② 十人□《み》満《まん》。

③ 千円《せんえん》□《さつ》。

④ □《なし》の実。

⑤ □《とち》の木。

⑥ 南《なん》□《きょく》の氷。

⑦ 粉《ふん》□《まつ》の薬。

⑧ □《あん》を練る。

⑨ 道路□《ひょう》識《しき》。

⑩ □《ざい》料《りょう》を集める。

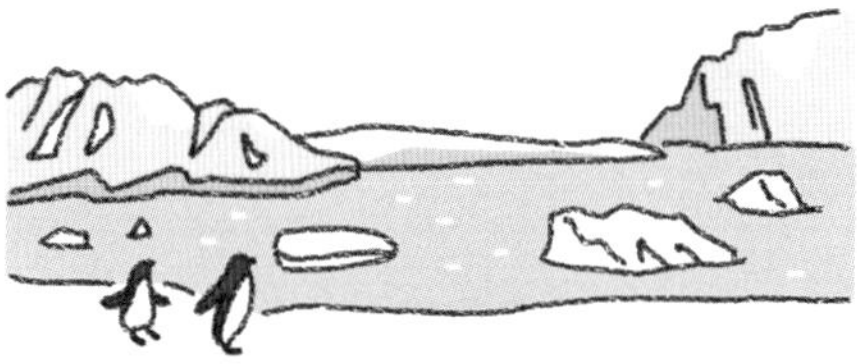

2 読みがなにあう漢字を書きましょう。

① □□《やくそく》する。

② □□□《しょうちくばい》。

③ □□《ろうどう》時間。

④ 工場の□□《きかい》。

3 次のことばを漢字と送りがなで〔 〕に書きましょう。

① 使い〔　〕《はたす》。

② 仲間《なかま》に〔　〕《くわわる》。

③ 本を〔　〕《かりる》。

④ 早起きに〔　〕《つとめる》。

⑤ 町が〔　〕《さかえる》。

⑥ 〔　〕《いさましい》歌声。

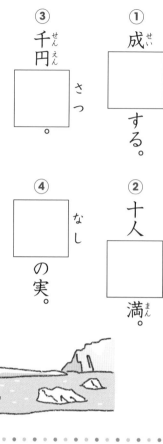

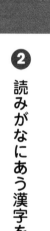

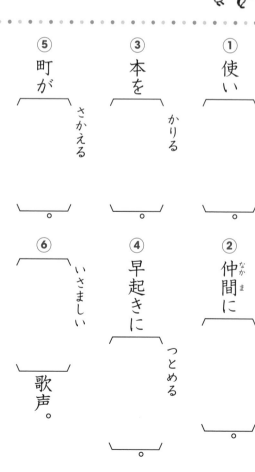

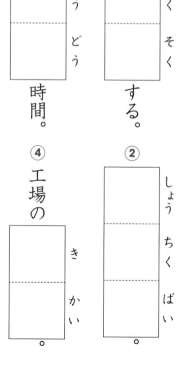

7 「刀《かたな》・刂《りっとう》」のつく漢字

初・別・利・刷・副

刀

なりたち

「刀《かたな》」は、えのついたかたなの形をえがいたものです。
また、「刂《りっとう》」は、「刀」の変化《へんか》した形です。
「刀」や「刂」のつく漢字には、ものを切るはものやものを切る様子に関《かん》係《けい》するものがあります。

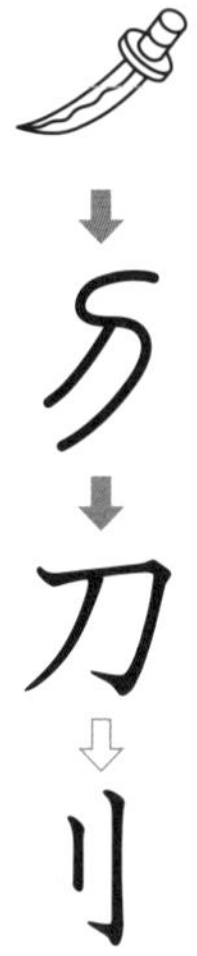

※○数字は習う学年

漢字	主な読み方
刀②	トウ かたな
切②	セツ（サイ） きる
分②	ブン フン・ブ わける
前②	ゼン まえ
列③	レツ ―
初④	ショ はじめ はつ・（うい）
別④	ベツ わかれる
利④	リ（きく）
刷④	サツ する
副④	フク ―
刊⑤	カン ―
判⑤	ハン バン ―
制⑤	セイ ―
則⑤	ソク ―

初

なりたち

「ネ（ころも。着物）」と「刀（はもの）」を合わせた字。着物を作るには、はじめにぬのを切ることから、ものごとのはじめの意味になった。

読み方

ショ
はじめ
はじめて
はつ・（うい）
（そめる）

意味

・はじめ
・はじめて

7画

初 初

練習

わすれずに

初 初

1 「初」を書きましょう。

最《さい》□《しょ》の部分。

□《しょ》歩《ほ》の練習。

年の□《はじ》め。

□《はつ》雪《ゆき》がふる。

2 読みがなを書きましょう。

最初（　　）の部分。

スキーの初歩（　　）の練習。

年の初（　　）め。

初雪（　　）がふる。

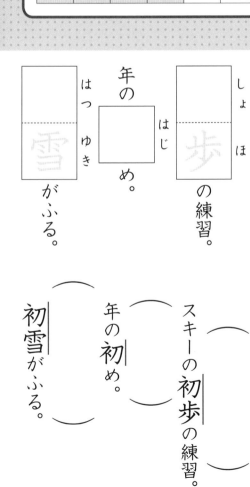

別

なりたち
「另（ほねの字がかわったもの）」と「刂（かたな）」を合わせた字。ほねを刀で切り分けることから、べつべつに分ける意味になった。

読み方
ベツ
わかれる

意味
•わかれる
•わける
•ことなる

7画
別 別 別 別 別 別 別

練習
別 ↑はねる
別

1 「別」を書きましょう。

区《く》□《べつ》がつく。

男女□《べつ》にならぶ。

□《わか》れのことば。

友達《ともだち》と□《わか》れる。

2 読みがなを書きましょう。

区別（　　）がつく。

男女別（　　）にならぶ。

別（　　）れのことば。

友達と別（　　）れる。

利

なりたち
「禾（いねのほ）」と「刂（すき・かたな）」を合わせて、すきで田畑をたがやすことを表した。後に、刀のようにするどいことと、役に立つ意味になった。

読み方
リ
（きく）

意味
•つごうがよい
•もうけ
•するどい

7画
利 利 利 利 利 利 利

練習
利 はねる
利

1 「利」を書きましょう。

車を□《り》用《よう》する。

便《べん》□《り》な道具。

赤組の勝《しょう》□《り》。

有《ゆう》□《り》な試合《しあい》。（進め方がよい試合）

2 読みがなを書きましょう。

車を利用（　　）する。

便利（　　）な道具。

赤組の勝利（　　）。

有利（　　）な試合《しあい》。

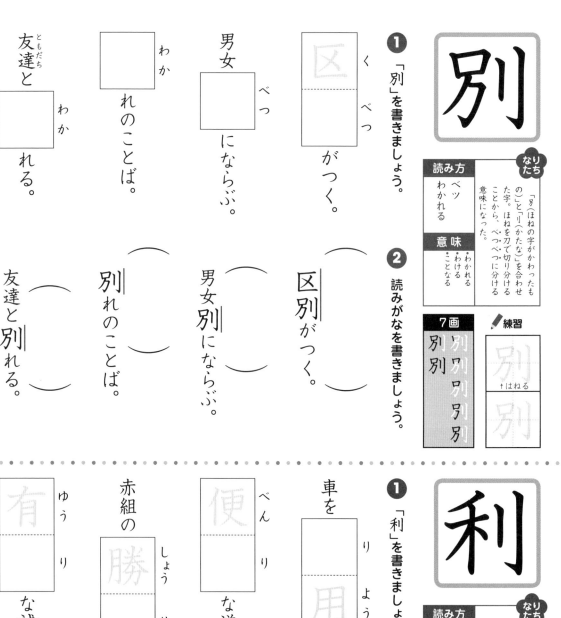

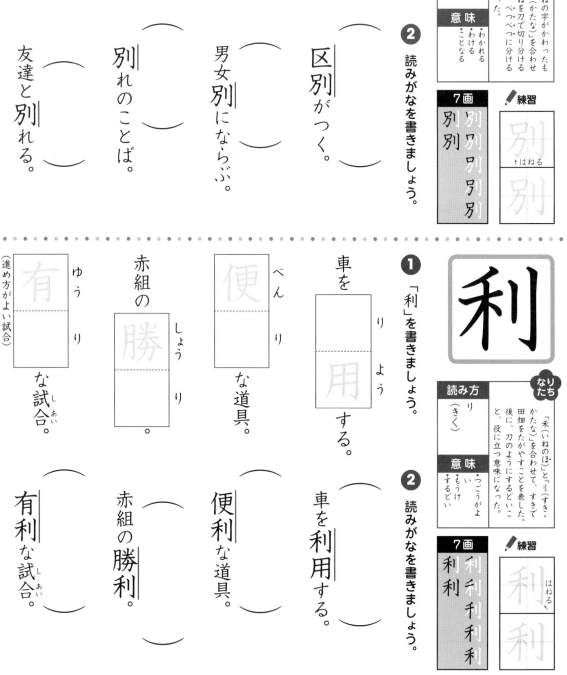

刷

なりたち 「𠬶(ぬのでよごれをふく)」と「刂(かたな)」を合わせた字。刀でよごれをけずり取ることから、こ・す・る・や・す・り・つ・け・るを表す。

読み方
サツ
する

意味
・うつしとる ・する

練習 はねる

8画

1 「刷」を書きましょう。

いんさつ 印□。 紙に□《す》る。

四色□《ず》りの広告《こうこく》。

2 読みがなを書きましょう。

新聞の印刷。(　　)

紙に刷る。(　　)

四色刷りの広告《こうこく》。(　　)

副

なりたち 「畐(「フク」という音がくっつくことを表す)」と「刂(かたな)」を合わせた字。ぴったりとそばについて助けるものの意味を表す。

読み方
フク

意味
・おもなものにそえて助けるもの

練習 わすれずに

11画

1 「副」を書きましょう。

□《ふく》委員長。

ふくしょく□食。(おかず)

農家の ふくぎょう □業。(農家の仕事のほかにする仕事)

2 読みがなを書きましょう。

副委員長。(　　)

主食《しゅしょく》と副食。(　　)

農家の副業。(　　)

漢字の組み立て③

22・26ページでは、漢字を左右に分けたものを取り上げましたが、ここでは、上下に分けた上側《うえがわ》につく部分を見てみましょう。

かんむり かしら

宀(うかんむり)……害・官
艹(くさかんむり)…英・芽
⺮(たけかんむり)…筆・節
雨(あめかんむり)…雪・電
癶(はつがしら)……発・登
罒(あみがしら)……置

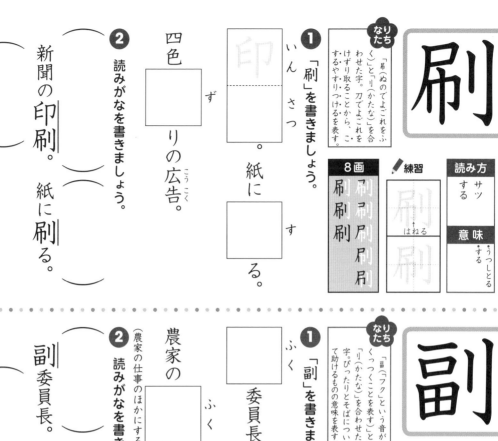

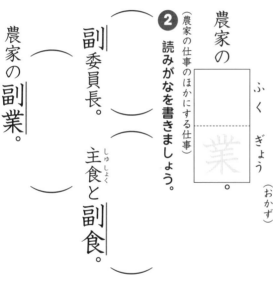

「艹」は63ページ、「⺮」は68ページ、「宀」は73ページを見てみよう！

ドリル

点

1つ・5点

❶ ―線の漢字の読みがなを書きましょう。

① 最初の部分。（　　）

② 区別がつく。（　　）

③ 便利な道具。（　　）

④ 新聞を印刷する。（　　）

⑤ 友達《ともだち》と別れる。（　　）

⑥ 副委員長を選《えら》ぶ。（　　）

⑦ 四色刷りの広告《こうこく》。（　　）

⑧ 年の初め。（　　）

⑨ 農家の副業。（　　）

⑩ 有利な試合《しあい》。（　　）

❷ 読みがなにあう漢字を書きましょう。

① □□《りよう》する。

② 男女□《べつ》にならぶ。

③ □□《はつゆき》。

④ 赤組の□□《しょうり》。

⑤ □《ふく》会長。

⑥ □□《しょほ》の練習。

⑦ 印□《いんさつ》。

⑧ 文集を□《す》る。

⑨ □□《ふくぎょう》。

⑩ □《わか》れのことば。

8 「火《ひ》・火《ひへん》・灬《れんが れっか》」のつく漢字

灯・焼・然・無・照・熱・熊

火

なりたち

「火《ひ》(火《ひへん》)」は、ひがもえている様子をえがいたもので、「灬《れんが れっか》」は、「火」の変《へん》化《か》した形です。

「火」や「灬」のつく漢字には、火や火のはたらきに関《かん》係《けい》するものがあります。

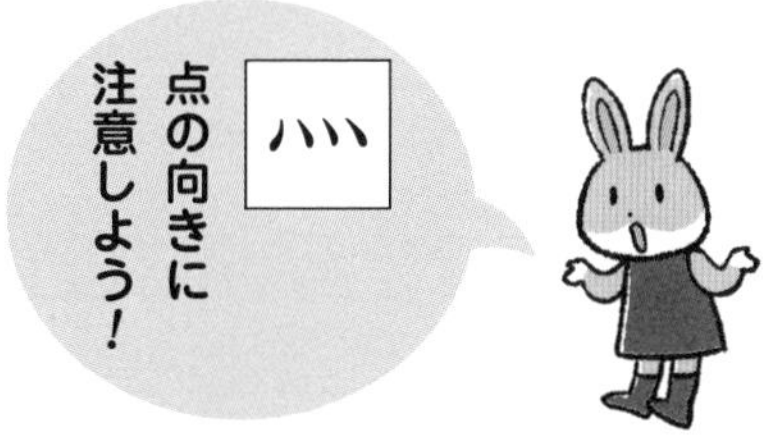

※○数字は習う学年

漢字	火①	点②	炭③
主な読み方	カ ひ (ほ)	テン —	タン すみ

灯④	焼④	然④	無④	照④	熊④	熱④	災⑤	燃⑤
トウ (ひ)	(ショウ) やく やける	ゼン ネン —	ム ブ ない	ショウ てる てらす	— くま	ネツ あつい	サイ (わざわい)	ネン もえる もやす

灯

読み方	なりたち
トウ (ひ)	「火(ひ)」と「丁(動かないでじっとする)」を合わせた字。じっと動かないともしびを表す。
意味	
・明かり ・ともしび	

6画 灯 灯灯灯灯灯

練習 はねる

❶ 「灯」を書きましょう。

港の□《とう》台《だい》。

街《がい》□《とう》の明かり。

電《でん》□《とう》をつける。

消《しょう》□《とう》時間。（電気を消してねる時間）

❷ 読みがなを書きましょう。

港の灯台が見える。（　　　）

街灯の明かり。（　　　）

電灯をつける。（　　　）

消灯時間になる。（　　　）

焼

なりたち
もとの字は「燒」。「火（ひ）」と「堯（うず高い土と人）」を合わせ、ほのおを高く上げて火がもえる、やくことを表す。

12画	練習	読み方	意味
焼	焼（はねる↑）	（ショウ） やく やける	•もやす •やく

1 「焼」を書きましょう。

魚を□《や》く。 □《や》ける。

□□《ゆうや》けの空。

2 読みがなを書きましょう。

魚を焼く。（　　）　もちが焼ける。（　　）

きれいな夕焼けの空。（　　）

然

なりたち
「⺼（にく）」と「犬（いぬ）」と「灬（火）」を合わせ、もとは犬の肉のあぶらをもやすことを表した。後に、そう・なる意味になった。

12画	練習	読み方	意味
然	然（わすれずに）	ゼン ネン	•そのままである •様子を表すことば

1 「然」を書きましょう。

自□《しぜん》。 天□《てんねん》。

全□《ぜんぜん》知らない。

2 読みがなを書きましょう。

美しい自然。（　　）　天然記念物《きねんぶつ》。（　　）

全然知らない場所。（　　）

無

なりたち
人が両手にかざりを持って舞《ま》うすがたをえがいた字。すがた形のない神様にねがって舞うことから、ないの意味になった。

12画	練習	読み方	意味
無	無（長く→）	ム ブ ない	•ない •「〜でない」

1 「無」を書きましょう。

□理《むり》。 □事《ぶじ》。

□《な》い物《もの》ねだり。（そこにない物をほしがること）

2 読みがなを書きましょう。

無理を言う。（　　）　無事に帰る。（　　）

無い物ねだり。（　　）

照

なりたち
「昭（光が明るくてらす）」と「灬（火）」を合わせた字で、火の明かりが、まわりを明るくてらすことを表す。

13画

練習（はねる）

読み方
ショウ
てる
てらす
てれる

意味
•明るくする
•見くらべる

❶「照」を書きましょう。

部屋《へや》の□明《しょうめい》。

日が□《て》る。道を□《て》らす。

❷読みがなを書きましょう。

部屋の照（　　）明（　　）。

日が照（　　）る。　道を照（　　）らす。

熱

なりたち
「埶（人がかがんで熱心《ねっしん》に草木を育てている様子）」と「灬（火）」を合わせた字。火のようにあつ・い・ことを表す。

15画

練習（はらう→）

読み方
ネツ
あつい

意味
•温度が高い
•うちこむ

❶「熱」を書きましょう。

□《あつ》いお湯を注ぐ。

□《ねつ》が出る。

□心《ねっしん》。

❷読みがなを書きましょう。

熱（　　）いお湯を注ぐ。

熱（　　）が出る。

熱心（　　）に読む。

熊

なりたち
「灬（火）」と「能（ねばり強いけもののあぶら肉）」を合わせた字。

14画

練習（はねる）

読み方
くま

意味
•動物のくま

❶「熊」を書きましょう。

動物園の□《くま》。

□本《くまもと》県産《けんさん》の野菜《やさい》。

❷読みがなを書きましょう。

動物園の熊（　　）。

熊本（　　）県産《さん》の野菜《やさい》。

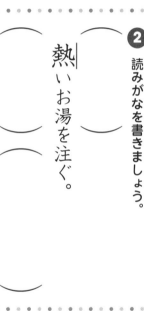

ドリル

1つ・5点

点

1 ―線の漢字の読みがなを書きましょう。

① 体が熱い。（　　）

② 夕焼けを見る。（　　）

③ 全然知らない。（　　）

④ 部屋《へや》の照明。（　　）

⑤ 熊本県《けん》に行く。（　　）

⑥ 熱心に本を読む。（　　）

⑦ 日が照る。（　　）

⑧ 天然記《き》念《ねん》物《ぶつ》。（　　）

⑨ 無い物《もの》ねだり。（　　）

⑩ 街灯の明かり。（　　）

2 読みがなにあう漢字を書きましょう。

① □（ねつ）が出る。

② □（くま）の親子。

③ 美しい□□（しぜん）。

④ □□（むり）を言う。

⑤ □□（しょうめい）器《き》具《ぐ》。

⑥ □□（ぶじ）に帰る。

⑦ □□（てんねん）の石。

⑧ 夜道を［　（て）らす］。

⑨ 柱の□□（でんとう）。

⑩ 魚が［　（や）ける］。

9 「口《くち・くちへん》」のつく漢字

司・各・周・唱・器

口

なりたち

「口《くち・くちへん》」は、人のくちの形をえがいたものです。「口」のつく漢字には、口やことばに関係《かんけい》するものがあります。

※○数字は習う学年

漢字	主な読み方
口①	コウ ク くち
右①	ウ ユウ みぎ
名①	メイ ミョウ な
古②	コ ふるい ふるす
台②	ダイ タイ ―
合②	ゴウ ガッ あう
同②	ドウ おなじ
号③	ゴウ ―
向③	コウ むく むける
君③	クン きみ
味③	ミ あじ
命③	メイ （ミョウ） いのち
和③	ワ （オ） （やわらぐ）
品③	ヒン しな
員③	イン ―
商③	ショウ （あきなう）
問③	モン とう とん
司④	シ ―
各④	カク （おのおの）
周④	シュウ まわり
唱④	ショウ となえる
器④	キ （うつわ）

（加→33ページ）

司

読み方　シ　―

意味　・とりしきる　・つかさどる

なりたち　人があなからのぞいている様子を表した字。一つの仕事をつかさどること、仕事の役目を受け持つ人の意味を表す。

5画　司 司 司 司 司

練習　はねる　わすれずに

1 「司」を書きましょう。

しかい　［　］会。

しかいしゃ　［　］会者。

すもうの　ぎょうじ　行［　］。

図書館の　ししょ　［　］書。（図書館で本の整理などをする人）

2 読みがなを書きましょう。

学芸会《がくげいかい》の司会。（　　）

司会者の仕事。（　　）

すもうの行司。（　　）

図書館の司書。（　　）

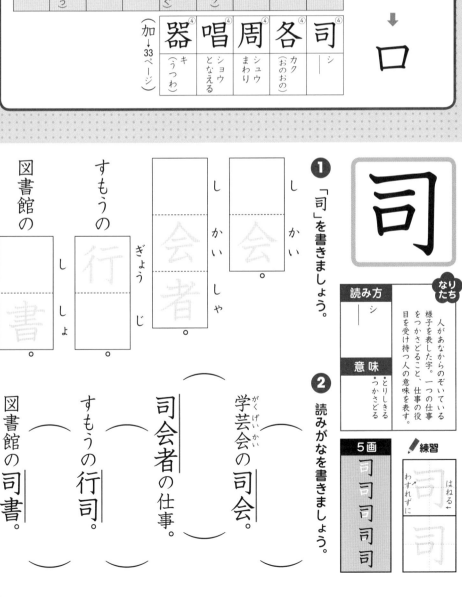

各

なりたち

「夂（あし）」と「口（四角い石）」を合わせた字。人が歩いて石に当たり、石を一つ一つたしかめたことから、それぞれを表した。

6画
各 ノ ク 夂 各 各 各

練習

読み方
カク（おのおの）
意味
・それぞれ

❶「各」を書きましょう。

かく（　）地《ち》。

かっ（　）国《こく》。

かく（　）自《じ》で用意する。

❷読みがなを書きましょう。

各地（　　）の天気。

各国（　　）の旗《はた》。

各自（　　）で用意する。

周

なりたち

「周（田のすみずみまでなえが植えてある様子）」と「口（四角い土地）」を合わせた字。土地のすみずみまでゆきわたること、もののまわりを表す。

8画
周 ノ 冂 冂 用 用 周 周 周

練習（はねる←）

読み方
シュウ まわり
意味
・まわる ・まわり

❶「周」を書きましょう。

駅の しゅう（　）辺《へん》の店。

池の まわ（　）り。

まわ（　）りの人。

❷読みがなを書きましょう。

駅の**周辺**（　　）の店。

池の**周**（　　）り。

周（　　）りの人。

漢字の組み立て④

49ページでは、漢字を上下に分けた上側《うえがわ》の部分につくものを取り上げています。ここでは、下側《したがわ》につく漢字を見てみましょう。

あし

儿（ひとあし）…兄・児

心（こころ）……悲・念

⺣（れんが）……照・然

〈組み立て①・②→22・26ページにあります。〉

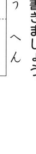

唱

なりたち
「口（くち）」と「昌（太陽のように明るくはっきりする）」を合わせた字。口でとなえること、節《ふし》をつけてうたうことを表す。

読み方
ショウ
となえる

意味
・歌う
・大きな声で言う

11画
唱 唱 唱 唱 唱 唱 唱 唱 唱 唱 唱

練習
「日」としない

❶ 「唱」を書きましょう。

がっしょう
［合］［　］する。

詩を
あんしょう
［暗］［　］する。

お経《きょう》を
となえる
［　］える。

平和を
となえる
［　］える。

❷ 読みがなを書きましょう。

校歌を合唱する。（　　）

詩を暗唱する。（　　）

お経《きょう》を唱える。（　　）

平和を唱える。（　　）

器

なりたち
もとの字は「器」。「㗊（四つの口。いろいろな入れ物のこと）」と「犬（いぬ。種類が多いこと）」を合わせ、いろいろな形のうつわを表す。

読み方
キ
（うつわ）

意味
・入れ物
・道具
・人の才のう

15画
器 器 器 器 器 器 器 器 器 器 器 器 器 器 器

練習
つき出す

❶ 「器」を書きましょう。

しょっき
［食］［　］をあらう。

きよう
［　］［用］な人。
（手先を使う仕事がじょうずな人）

がっき
［楽］［　］をひく。

ぶんどき
［分］［度］［　］。

❷ 読みがなを書きましょう。

食器をあらう。（　　）

器用な人。（　　）

楽器をひく。（　　）

分度器ではかる。（　　）

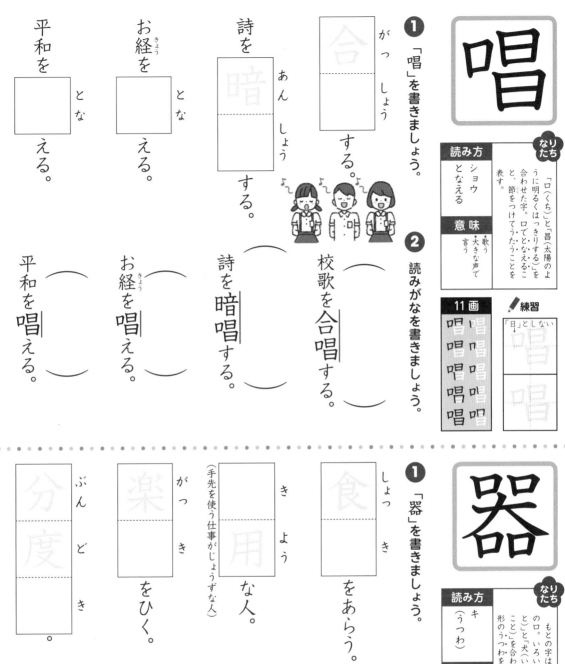

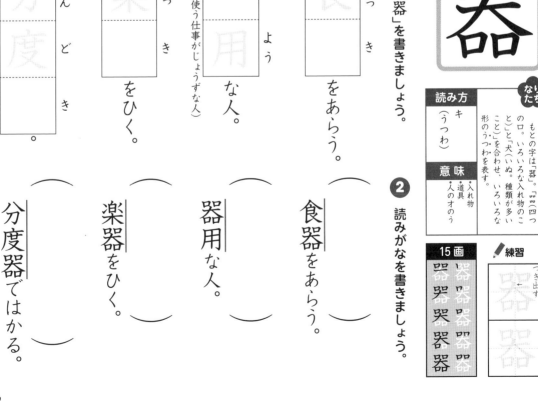

ドリル

点

1つ・5点

1 ―線の漢字の読みがなを書きましょう。

① 駅の周辺。（　　）

② 器用な人。（　　）

③ 各国の選手《せんしゅ》。（　　）

④ 合唱の練習。（　　）

⑤ 池の周り。（　　）

⑥ すもうの行司。（　　）

⑦ 学芸会《がくげいかい》の司会。（　　）

⑧ 各自で用意する。（　　）

⑨ 平和を唱える。（　　）

⑩ 分度器ではかる。（　　）

2 読みがなにあう漢字を書きましょう。

① ［かくち］の天気。

② 学校の［しゅうへん］。

③ ［ぎょうじ］の軍配《ぐんばい》。

④ 詩の［あんしょう］。

⑤ 銀の［しょっき］。

⑥ ［がっき］をひく。

⑦ ［しかい］者《しゃ》。

⑧ ［かっこく］の旗《はた》。

⑨ ［まわ り］の人。

⑩ お経《きょう》を［とな える］。

10 「辶《しんにゅう しんにょう》」のつく漢字

辺・連・達・選

辶 なりたち

「辶《しんにゅう しんにょう》」は、十字路の半分と足の形とを合わせてできた形で、「いく・すすむ」という意味を表します。
「辶」のつく漢字には、道や進むことに関係《かんけい》するものが多くあります。

※○数字は習う学年

漢字	近②	通②	週②	道②	遠②	返③	送③
主な読み方	キン ちかい	ツウ とおる かよう	シュウ ―	ドウ (トウ) みち	エン (オン) とおい	ヘン かえす かえる	ソウ おくる

追③	速③	進③	運③	遊③	辺④	連④	達④
ツイ おう	ソク はやい	シン すすむ	ウン はこぶ	ユウ (ユ) あそぶ	ヘン あたり べ	レン つらなる つれる	タツ ―

選④	述⑤	逆⑤	迷⑤	造⑤	過⑤	適⑤
セン えらぶ	ジュツ のべる	ギャク さか さからう	(メイ) まよう	ゾウ つくる	カ すぎる すごす	テキ ―

辺

読み方
ヘン
あたり
べ

意味
•その近く
•まわり
•多角形の直線

なりたち
もとの字は「邊」。「辶(行く)」と「臱(両側《りょうがわ》に分かれた鼻)」を合わせた字。中心からはなれた、はしやまわりを表す。

5画
辺 辺 辺 辺 辺

練習
辺 辺
「力」としない

1 「辺」を書きましょう。

駅の［周《しゅう》］［　《へん》］。

［　《へん》］の長さ。

公園の［　《あた》］り。

［海《うみ》］［　《べ》］の村。

2 読みがなを書きましょう。

駅の周辺。（　　）

三角形の辺の長さ。（　　）

公園の辺り。（　　）

海辺の村。（　　）

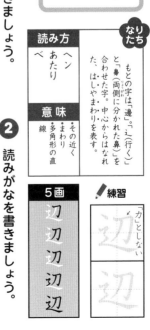

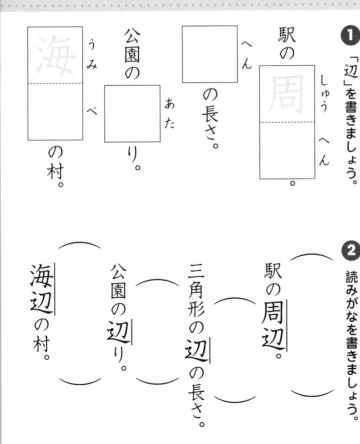

連

なりたち 「⻌（進む）」と「車（くるま）」を合わせた字で、車が何台もつながって進むことを表す。

読み方	意味
レン つらなる つらねる つれる	・つらねる ・ひきつづいて ・ひきつれる

練習（下を長く）

10画

1 「連」を書きましょう。

れんぞく □続。　山がつら□なる。

犬をつ□れていく。

2 読みがなを書きましょう。

連続（　）して勝つ。　山が連（　）なる。

犬を散歩《さんぽ》に連（　）れていく。

達

なりたち 「⻌（進む）」と「幸（『大（ゆとりがある）』と『羊（ひつじ）』で、ひつじの子が楽に生まれる）」を合わせ、通りぬけることを表す。

読み方	意味
タツ ―	・とどく ・知らせ ・なしとげる

練習（長く）

12画

1 「達」を書きましょう。

そくたつ 速□。　はったつ 発□。

目標《もくひょう》をたっせい □成する。

2 読みがなを書きましょう。

速達（　）の手紙。　体の発達（　）。

目標《もくひょう》を達成（　）する。

選

なりたち 「⻌（進む）」と「巽（人をならべてそろえる）」を合わせ、多くのものをそろえて見くらべ、その中からえらぶ動作を表す。

読み方	意味
セン えらぶ	・えらぶ

練習（はねる）

15画

1 「選」を書きましょう。

本をえら□ぶ。　せんきょ □挙。

野球のせんしゅ □手。

2 読みがなを書きましょう。

本を選（　）ぶ。　会長の選挙（　）。

野球の選手（　）。

ドリル

点
1つ・5点

1 ─線の漢字の読みがなを書きましょう。

① 読む本を選ぶ。（　　）
② 山が連なる。（　　）
③ 海辺の村。（　　）
④ 連続した数字。（　　）
⑤ 公園の辺り。（　　）
⑥ 野球の選手。（　　）
⑦ 犬を連れた人。（　　）
⑧ 体が発達する。（　　）
⑨ バスを連ねる。（　　）
⑩ 家の周辺。（　　）

2 読みがなにあう漢字を書きましょう。

① □《へん》の長さ。
② 会長□《せん》挙《きょ》。
③ □《うみ》□《べ》を歩く。
④ 車が□《つら》なる。
⑤ □《れん》□《ぞく》出場。
⑥ 道を□《えら》ぶ。
⑦ □《つ》れていく。
⑧ 学校の□《あた》り。
⑨ □《たっ》成《せい》する。
⑩ 名を□《つら》ねる。

まとめドリル

□点
1つ・5点

1 読みがなにあう漢字を書きましょう。

① 美しい自《し》□《ぜん》。

② □《ねつ》が高い。

③ □《ふく》委《い》員《いん》長《ちょう》。

④ 便《べん》□《り》な道具。

⑤ 速《そく》□《たつ》の手紙。

⑥ □《む》理《り》をする。

⑦ 最《さい》□《しょ》のページ。

⑧ □《くま》の人形。

⑨ □《ち》りょうする。

⑩ 印《いん》□《さつ》の工場。

2 読みがなにあう漢字を書きましょう。

① 日本□□《かくち》。

② 池の□□《しゅうへん》。

③ 港の□□《とうだい》。

④ □□《しょっき》をあらう。

3 次のことばを漢字と送りがなで〔　〕に書きましょう。

① 本を〔　〕《えらぶ》。

② 明るく〔　〕《てらす》。

③ 山が〔　〕《つらなる》。

④ 友達《ともだち》と〔　〕《わかれる》。

⑤ 魚が〔　〕《やける》。

⑥ お経《きょう》を〔　〕《となえる》。

11 「艹《くさかんむり》」のつく漢字

芸・英・芽・茨・菜

艹

なりたち

「艹《くさかんむり》」は、くさがならんで生えている様子をえがいたものです。

「艹」のつく漢字には、草や植物に関係《かんけい》するものが多くあります。

※○数字は習う学年

漢字	主な読み方
花①	カ はな
草①	ソウ くさ
茶②	チャ (サ) ―
苦③	ク くるしい にがい
荷③	(カ) に
葉③	ヨウ は
落③	ラク おちる おとす
薬③	ヤク くすり
芸④	ゲイ ―
英④	エイ ―
芽④	ガ め
茨④	― いばら
菜④	サイ な

芸

読み方 ゲイ ―

意味
・練習して身につけたわざ
・げいごと

なりたち もとの字は「藝」。植物を植え、形よく成長《せいちょう》させる様子を表す。そこから、ものの形を整えるわざの意味になった。

7画 芸 芸 芸 芸 芸 芸 芸

練習 長く 芸 芸

1 「芸」を書きましょう。

がくげいかい 学［　］会。

しゅげい 手［　］クラブ。

げい ［　］能《のう》人《じん》。

みんげいひん 民［　］品。（昔から生活の中に伝えられてきた工作品）

2 読みがなを書きましょう。

学芸会（　　）の練習。

手芸（　　）クラブに入る。

芸（　　）能《のう》人のサイン。

地方の民芸品（　　）。

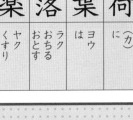

英

読み方
エイ
—

意味
•すぐれている
•イギリスのこと

なりたち
「艹（植物）」と「央（人の首の真ん中）」を合わせた字。真ん中のくぼんだきくの花の美しさから、すぐれるの意味になった。

8画
英 英 英 英 英 英 英 英

練習
英 英
つき出す

❶ 「英」を書きましょう。

［　］《えい》語《ご》の本。

［　］《えい》国《こく》の旗《はた》。

国の［　］《えい》ゆう。

［　］《えい》会《かい》話《わ》。

❷ 読みがなを書きましょう。

英語を話す。（　　）

英国の旗《はた》。（　　）

国の英ゆう。（　　）

英会話の練習。（　　）

芽

読み方
め　ガ

意味
•草や木のめ

なりたち
「艹（くさ）」と「牙（上下がちぐはぐにかみ合う）」を合わせた字。ふた葉がかみ合って、土から出てくる草のめを表す。

8画
芽 芽 芽 芽 芽 芽 芽 芽

練習
芽 芽
はねる↑

❶ 「芽」を書きましょう。

草花の［　］《め》。

新《しん》［　］《め》が出る。

［　］《め》生《ば》える。

発《はっ》［　］《が》する。

❷ 読みがなを書きましょう。

草花の芽。（　　）

お茶の新芽。（　　）

草が芽生える。（　　）

種《たね》が発芽する。（　　）

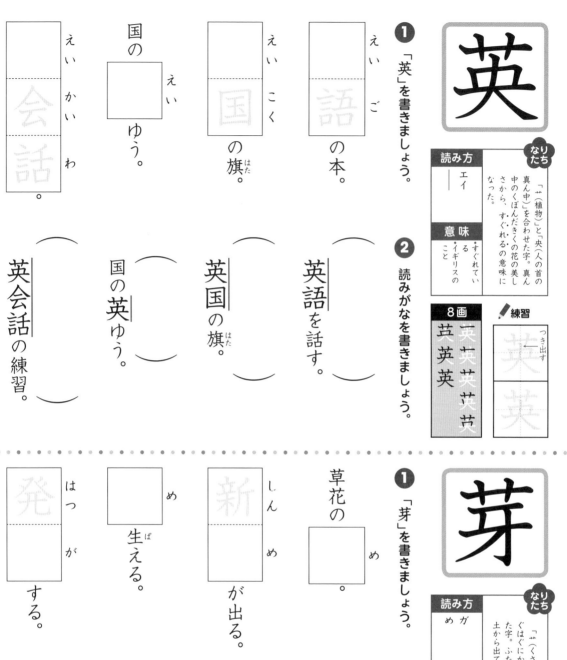

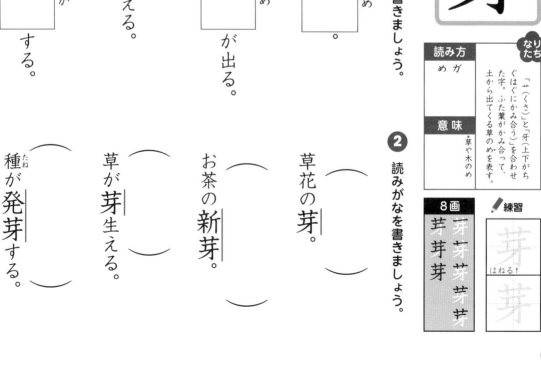

茨

なりたち
「艹（植物）」と「次（ふぞろいに積《つ》み重なること）」を合わせた字。ふぞろいに小枝《こえだ》やとげのある低木《ていぼく》を表す。

読み方	
—	いばら

意味
- ばらなどのとげのあるひくい木

9画

練習 はらう

❶ 「茨」を書きましょう。

- □《いばら》の道。
- □城《いばらき》県《けん》。
  ※「いばらき」はとくべつな読み。
- □《いばら》の木。
- □城《いばらき》県の花。

❷ 読みがなを書きましょう。

- 茨（　）の道を行く。
- 茨城（　）県に住む。
- 茨（　）の木を植える。
- 茨城（　）県産《さん》の野菜。

菜

なりたち
「艹（くさ）」と「采（手で葉をつみとる）」を合わせて、つみとった草を表す。そこから、おかずにするなっぱややさいの意味になった。

読み方	
サイ	な

意味
- やさい

11画

練習 わすれずに

❶ 「菜」を書きましょう。

- □《な》の花。
- 野□《やさい》サラダ。
- 山□《さんさい》をとる。
- 家庭□園《さいえん》。

❷ 読みがなを書きましょう。

- 菜（　）の花がさく。
- 野菜（　）サラダ。
- 山菜（　）をとる。
- 家庭菜園（　）。

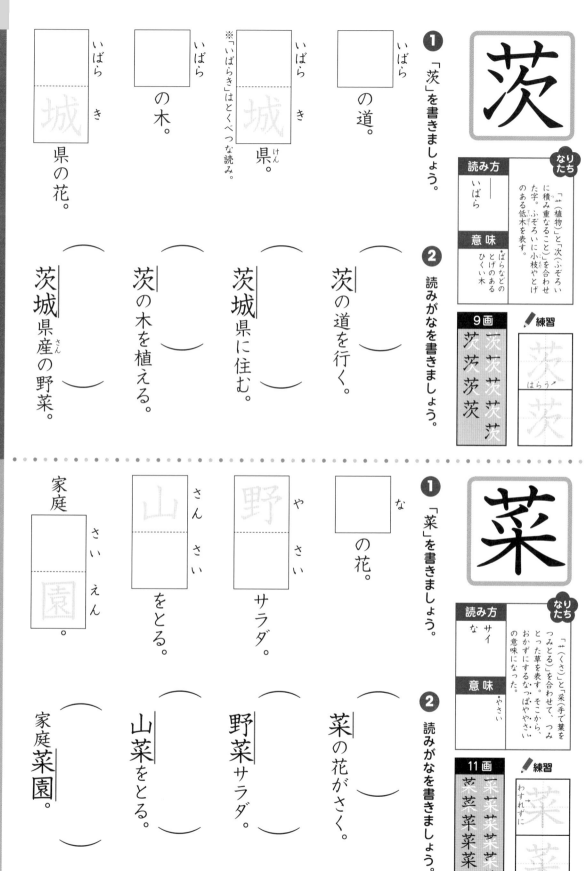

12 「子《こ》・子《こへん》」のつく漢字

季・孫

なりたち

子

「子《こ》」は、両手を広げた赤ちゃんのすがたをえがいたものです。「子」のつく漢字には、子どもに関係《かんけい》するものがあります。

※○数字は習う学年

漢字	主な読み方
子①	シ ス こ
字①	ジ (あざ)
学①	ガク まなぶ
季④	キ
孫④	ソン まご

季

なりたち 「禾(いねのほ)」と「子(こども。たね)」を合わせ、いねや作物が実る期間や作物をとり入れるきせつを表す。

読み方：キ / ―

意味：●春夏秋冬のそれぞれの区分

8画：季 季 季 季 季 季 季 季

練習（右から）：季 季

❶「季」を書きましょう。

きせつ（□節）。

しき（四□）。

❷ 読みがなを書きましょう。

寒い季節。（　　）

四季のうつり変《か》わり。（　　）

孫

なりたち 「子(こども)」と「系(糸をつないで一すじにのばす)」を合わせ、糸のように血すじのつづいている子ども、まごを表す。

読み方：ソン まご

意味：●まご

10画：孫 孫 孫 孫 孫 孫 孫 孫 孫 孫

練習（わすれずに）：孫 孫

❶「孫」を書きましょう。

しそん（子□）。

まご（□）の写真。

❷ 読みがなを書きましょう。

きょうりゅうの子孫。（　　）

孫の写真を見る。（　　）

ドリル

点

1つ・5点

1 ―線の漢字の読みがなを書きましょう。

① 野菜を食べる。（　　）

② ひまわりの芽。（　　）

③ 孫の写真。（　　）

④ 山菜をとる。（　　）

⑤ 国の英ゆう。（　　）

⑥ 地方の民芸品。（　　）

⑦ 種《たね》が発芽する。（　　）

⑧ 文化祭の季節。（　　）

⑨ 子孫のはん栄《えい》。（　　）

⑩ 茨城県《けん》。（　　）

2 読みがなにあう漢字を書きましょう。

① □《な》の花。

② □□□《がくげいかい》。

③ 草花の□《め》。

④ □《まご》が生まれる。

⑤ □□《えいご》を話す。

⑥ □《いばら》の道。

⑦ □□《しゅげい》クラブ。

⑧ 先祖《せんぞ》と□□《しそん》。

⑨ □□《やさい》サラダ。

⑩ 暑い□節《きせつ》。

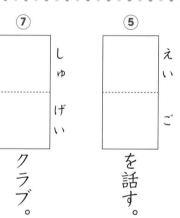

13 「竹《たけ》・⺮《たけかんむり》」のつく漢字 笑・節・管

竹

なりたち

「竹《たけ》(⺮《たけかんむり》)」は、二本のたけが生えている様子をえがいています。

「⺮」のつく漢字には、竹で作ったものや、竹のせいしつに関係《かんけい》するものが多くあります。

※○数字は習う学年

漢字	竹①	答②	算②	第③
主な読み方	チク たけ	トウ こたえる こたえ	サン ―	ダイ ―

漢字	笛③	等③	筆③	箱③	笑④	節④	管④	築⑤
主な読み方	テキ ふえ	トウ ひとしい	ヒツ ふで	― はこ	(ショウ) わらう (えむ)	セツ (セチ) ふし	カン くだ	チク きずく

笑

読み方	意味
(ショウ) わらう (えむ)	・わらう

なりたち もとは細い竹を表した。それに「口」をそえた「咲」が、わ・ら・うことを意味した。後に、「口」がなくなり、「笑」になった。

10画 笑 笑 笑 笑 笑 笑 笑 笑 笑 笑

練習 はらう

❶ 「笑」を書きましょう。

大声で［　］《わら》う。

［　］《わら》い話。

［大］《おお》［　］《わら》いする。

［苦］《にが》［　］《わら》い。（ふゆかいなのに、むりにわらってみせること）

❷ 読みがなを書きましょう。

大声で笑う。（　　）

笑い話。（　　）

大笑いする。（　　）（　　）

苦笑いした顔。（　　）（　　）

節

なりたち
「竹(たけ)」と「即(ごちそうの前にひざまずく人)」を合わせて、人のひざのように区切れている竹のふしを表す。後に区切りの意味になった。

読み方	意味
セツ (セチ) ふし	•つなぎめ •気こうのかわりめ

13画
節 節 節 節 節 節 節 節 節 節

練習
節 節 （はねる）

❶「節」を書きましょう。

- 季《き》□《せつ》の変化《へんか》。
- □□《せつぶん》の豆まき。
- 竹の□《ふし》。
- 体の□《ふし》がいたい。

❷読みがなを書きましょう。

- 季節（　　）の変化《へんか》。
- 節分（　　）の豆まき。
- 竹の節（　　）。
- 体の節（　　）がいたい。

管

なりたち
「竹(たけ)」と「官(まるくとりまく)」を合わせた字。竹の中の節《ふし》をくりぬいて作った、笛のような細いくだを表す。

読み方	意味
カン くだ	•細長くて中がからのつつ

14画
管 管 管 管 管 管 管 管 管 管

練習
管 管

❶「管」を書きましょう。

- 試験□《しけんかん》。
- うでの□□《けっかん》。
- ゴムの□《くだ》。
- □《くだ》に水を通す。

❷読みがなを書きましょう。

- 試験管（　　）を使う。
- うでの血管（　　）。
- ゴムの管（　　）。
- 管（　　）に水を通す。

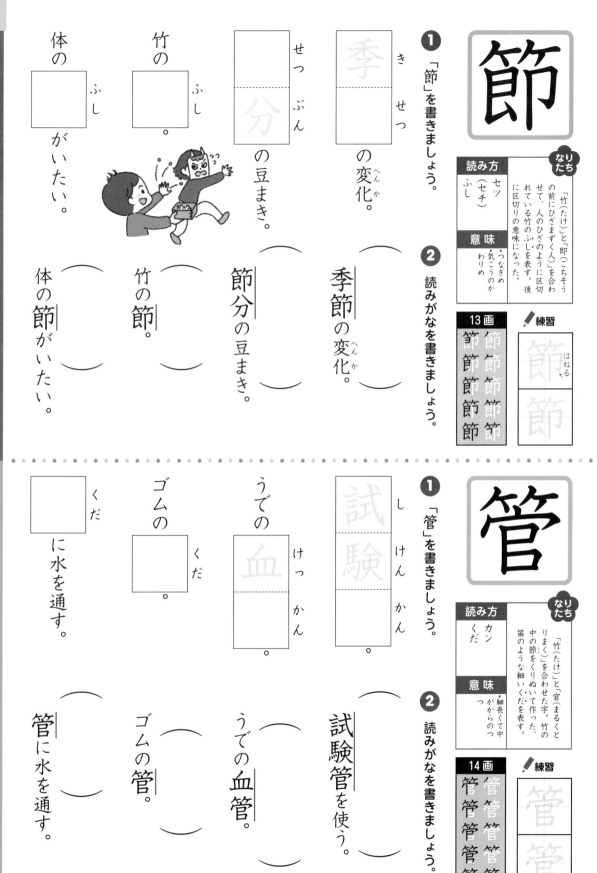

14 「广《まだれ》」のつく漢字

底・府・康

广

なりたち

「广《まだれ》」は、建物《たてもの》の屋根の形をえがいたもので、「たてもの」「いえ」という意味を表します。「广」のつく漢字には、家や屋根に関係《かんけい》するものがあります。

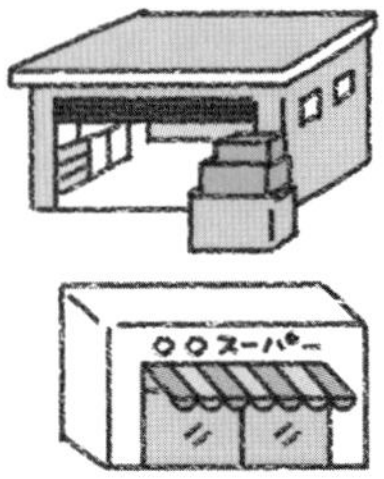

※○数字は習う学年

漢字	主な読み方
広②	コウ ひろい ひろがる
店②	テン みせ
度③	ド・(ト) (タク) (たび)
庫③	コ (ク) ―
庭③	テイ にわ
底④	テイ そこ
府④	フ ―
康④	コウ ―
序⑤	ジョ ―

（席→110ページ）

底

読み方	テイ そこ
意味	•もののいちばん下 •そこ

なりたち 「广(いえ)」と「氐(積《つ》み上げた物のいちばん低《ひく》いところをしめしたもの)」を合わせた字。建物《たてもの》の土台を表し、後にいちばん低《ひく》いそこの意味になった。

8画 底底底底底底底底

練習 底 底 はねる↑

1 「底」を書きましょう。

［海］［　］（かいてい）トンネル。

［地］［　］（ちてい）の様子。

なべの［　］（そこ）。

［　］［力］（そこぢから）を出す。（いざというときに出す強い力）

2 読みがなを書きましょう。

海底（　　）トンネル。

地底（　　）の様子。

なべの底（　　）がこげる。

底力（　　）を出す。

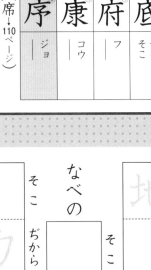

府

なりたち
「广（いえ）」と「付（くっつける）」を合わせ、役所の大切な物をつめたくらのことだったが、役所のある都の意味になった。

8画

練習（はねる）

読み方
フ

意味
- 地方自ち体の一つ
- 役所
- みやこ

❶「府」を書きましょう。

京都《きょうと》□《ふ》。

都道《とどう》□《ふ》県《けん》。

日本の政《せい》□《ふ》。
（日本の政治《せいじ》を行う役所）

❷読みがなを書きましょう。

京都府。（　　）

都道府県。（　　）

日本の政《せい》府。（　　）

康

なりたち
「康（かたいしんぼう）」と「米（こめ）」を合わせて、かたいしんがあるこく物のようにじょうぶなことを表す。

11画

練習（はねる）

読み方
コウ

意味
- じょうぶ
- 安らか

❶「康」を書きましょう。

けんこう □□ な心と体。

けんこう □□ しん断《だん》。

❷読みがなを書きましょう。

健康な心と体。（　　）

健康しん断《だん》を受ける。（　　）

漢字の組み立て⑤

これまで（22・26・49・56ページ）に、漢字を左右、上下に分けたものを取り上げました。

ここでは、「广」のように、上と左の部分につくものを見てみましょう。

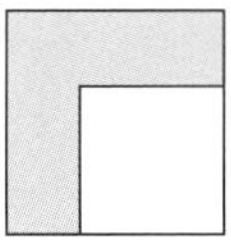

たれ

厂（がんだれ）……原
尸（しかばね）……局・屋
广（まだれ）……庫・庭
疒（やまいだれ）……病

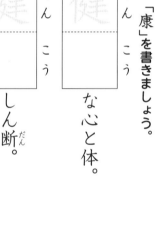

四年生で習うのは、「广」だけだよ。しっかり覚《おぼ》えておこう！

ドリル

点

1つ・5点

1 ―線の漢字の読みがなを書きましょう。

① 大笑いする。（　　）

② 節分の豆まき。（　　）

③ 地底の様子。（　　）

④ 試験管を使う。（　　）

⑤ 体の節がいたい。（　　）

⑥ 先生の苦笑い。（　　）

⑦ 管に水を通す。（　　）

⑧ 健康しん断《だん》。（　　）

⑨ 日本の政《せい》府。（　　）

⑩ なべの底。（　　）

2 読みがなにあう漢字を書きましょう。

① うでの□□《けっかん》。

② □□《きせつ》の変《へん》化《か》。

③ □《わら》い話。

④ □□《そこぢから》を出す。

⑤ □□《かいてい》の魚。

⑥ ゴムの□《くだ》。

⑦ 竹の□《ふし》。

⑧ □□《けんこう》な体。

⑨ 京《きょう》都《と》□《ふ》。

⑩ 大声で（　　《わら》）う。

15 「宀《うかんむり》」のつく漢字

完・官・害・富・察

宀

なりたち

「宀《うかんむり》」は、いえの屋根の形をえがいたものです。

「宀」のつく漢字には、家の種類《しゅるい》や様子に関係《かんけい》するものがあります。

漢字	主な読み方
室②	シツ (むろ)
家②	カ・ケ いえ や
安③	アン やすい
守③	シュ・ス まもる (もり)
実③	ジツ み みのる
定③	テイ ジョウ さだめる
客③	キャク (カク) —
宮③	キュウ (グウ)・(ク) みや
宿③	シュク やど やどる

※○数字は習う学年

漢字	主な読み方
寒③	カン さむい
完④	カン —
官④	カン —
害④	ガイ —
富④	フ・(フウ) とむ とみ
察④	サツ —
容⑤	ヨウ —
寄⑤	キ よる よせる

（案→43ページ）

完

読み方　カン　—

意味　・終わる　・そろっている

なりたち　「宀（いえ）」と「元（丸い頭の人）」を合わせ、丸い頭の人が家にいることを表す。人の頭は丸く欠《か》け目がないことから、全部そろう意味になった。

7画

練習　完　はねる↑

1 「完」を書きましょう。

かんせい　□成する。

かんぜん　□全に終わる。

ふかんぜん　不□全。

かん　□りょうする。（すべて終わる）

2 読みがなを書きましょう。

作品が完成する。（　　　）

修理《しゅうり》が完全に終わる。（　　　）

不完全な様子。（　　　）

作業が完りょうする。（　　　）

官

なりたち
「宀（いえ）」と「㠯（たくさんのものがつみ重なる）」を合わせた字。たくさんの人が集まる役所や、そこにつとめる人を表す。

読み方
カン

意味
・役人
・体のある部分

8画

練習
「㠯」としない

❶ 「官」を書きましょう。

体の器《き》□《かん》。

けい察《さつ》□《かん》。

□《かん》と民《みん》。

大臣《だいじん》と長《ちょう》□《かん》。

❷ 読みがなを書きましょう。

消化器官（　）の働《はたら》き。

けい察《さつ》官（　）の仕事。

官（　）と民《みん》。

大臣《だいじん》と長官（　）。

害

なりたち
かごを頭にかぶせた様子を表した字。頭をおさえてじゃまをすることを表す。

読み方
ガイ

意味
・こわす
・わざわい

10画

練習
長く

❶ 「害」を書きましょう。

□《がい》がある。

いねの□《がい》虫《ちゅう》。

台風による被《ひ》□《がい》。

災《さい》□《がい》にそなえる。

❷ 読みがなを書きましょう。

体に害（　）がある。

いねの害虫（　）。

台風による被《ひ》害（　）。

災《さい》害（　）にそなえる。

富

なりたち
「宀（家）」と「畐（いっぱい中身の入ったつぼ）」を合わせた字で、家の中にものがいっぱいあることから、ゆたかである様子を表す。

読み方
フ（フウ）
とむ
とみ

意味
•たくさん金や物がある
•ゆたか

12画

練習
わすれずに

❶ 「富」を書きましょう。

豊《ほう》□《ふ》な知識《ちしき》。

貧《ひん》□《ぷ》の差《さ》。（まずしいこととゆたかなことの差）

栄養《えいよう》に□《と》む。

□《とみ》を得《え》る。

❷ 読みがなを書きましょう。

豊《ほう》富（　　）な知識《ちしき》。

貧《ひん》富（　　）の差《さ》をなくす。

栄養に富（　　）む食品。

富（　　）と名声を得《え》る。

察

なりたち
「宀（いえ）」と「祭（神へのおそなえ物）」を合わせ、そなえるときに家をすみずみまで清《きよ》めることから、よく調べる意味を表す。

読み方
サツ
—

意味
•よく見る
•調べる
•思いやる

14画

練習
「夕」としない

❶ 「察」を書きましょう。

観《かん》□《さつ》する。

けい□《さつ》官《かん》。

気持ちを□《さっ》する。

しん□《さつ》する。

❷ 読みがなを書きましょう。

花を観察（　　）する。

けい察（　　）官《かん》になる。

気持ちを察（　　）する。

医者がしん察（　　）する。

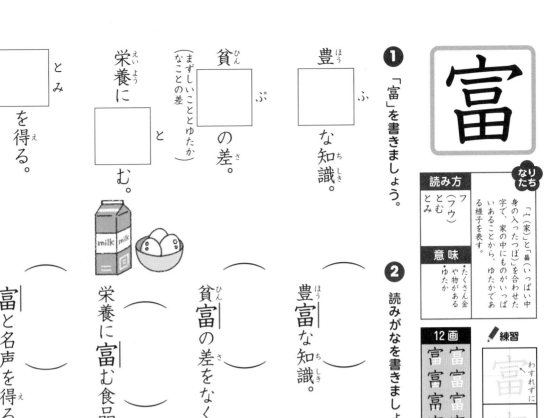

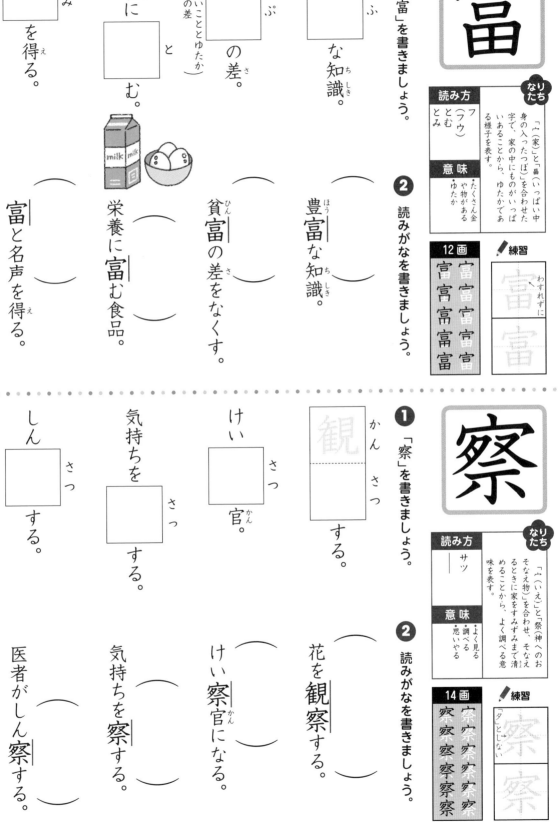

16 「日《ひ・ひへん》」のつく漢字

日

なりたち

「日《ひ・ひへん》」は、太陽の形をえがいたものです。

※○数字は習う学年

漢字	日①	早①	明②	春②	星②	昼②	時②
主な読み方	ニチ ジツ ひ・か	ソウ (サッ) はやい	メイ あかり あかるい	シュン はる	セイ (ショウ) ほし	チュウ ひる	ジ とき

漢字	晴②	曜②	昔③	昭③	暑③	暗③	昨④	景④
主な読み方	セイ はれる はらす	ヨウ —	(セキ) (シャク) むかし	ショウ —	ショ あつい	アン くらい	サク —	ケイ —

(最→135ページ)
(量→135ページ)

昨・景

昨

なりたち
「日(ひ)」と「乍(木に切れ目を入れる)」を合わせた字。「サク」の音が積《つ》み重なる意味なので、積み重なった日を表す。

9画

練習 右から

読み方
サク
—

意味
•今より一つ前の日や時

❶「昨」を書きましょう。

さく ねん
□年。

さく じつ
□日。

❷読みがなを書きましょう。

昨年の春。
(　　　)

昨日のできごと。
(　　　)

※「きのう」とも読む。

景

なりたち
「日(太陽)」と「京(おかの上に立つ家)」を合わせた字。明暗のけじめのつくことから、ひかげ、また、けしきの意味になった。

12画

練習 はねる

読み方
ケイ
—

意味
•けしき
•ありさま

❶「景」を書きましょう。

ふう けい
風□。

こう けい
光□。

❷読みがなを書きましょう。

風景の写真。
(　　　)

みごとな光景。
(　　　)

ドリル

1つ・5点

点

1 ―線の漢字の読みがなを書きましょう。

① 花の観察。（　　）

② 害がある。（　　）

③ 風景の写真。（　　）

④ 気持ちを察する。（　　）

⑤ 消化器官。（　　）

⑥ 不完全な様子。（　　）

⑦ 昨年の大会。（　　）

⑧ 富と名声。（　　）

⑨ 台風による被《ひ》害。（　　）

⑩ 大臣《だいじん》と長官。（　　）

2 読みがなにあう漢字を書きましょう。

① 豊《ほう》［　］《ふ》な栄養《えいよう》。

② ［　　］《さくねん》の春。

③ けい［　　］《さっかん》。

④ ［　　］《かんぜん》に終わる。

⑤ 街《まち》の［　　］《こうけい》。

⑥ ［　　］《がいちゅう》の発生。

⑦ ［　成］《かんせい》する。

⑧ 虫の［観　］《かんさつ》。

⑨ ［　　］《ふうけい》。

⑩ 栄養《えいよう》に［　　と　　］む。

まとめドリル

点

1つ・5点

1 読みがなにあう漢字を書きましょう。

① 草の□《め》。

② □《まご》の手を引く。

③ □《な》の花。

④ 細長い□《くだ》。

⑤ 民《みん》□《げい》品《ひん》。

⑥ 健《けん》□《こう》な体。

⑦ □《がい》がある。

⑧ 大阪《おおさか》□《ふ》の地図。

⑨ 竹の□《ふし》。

⑩ プールの□《そこ》。

2 読みがなにあう漢字を書きましょう。

① □□《えいご》の歌。

② □□《かんぜん》な形。

③ けい□□《さつかん》。

④ 寒い□□《きせつ》。

⑤ □□《ふうけい》写真。

⑥ □□《さくねん》の春。

⑦ □《いばら》城《き》県《けん》。

⑧ □□《しそん》はん栄《えい》。

3 次のことばを漢字と送りがなで〔　〕に書きましょう。

① よく〔　〕《わらう》。

② 変化《へんか》に〔　〕《とむ》。

17 「心《こころ》」のつく漢字

必・念・愛

心

なりたち

「心《こころ》」は、しんぞうの形をえがいたものです。
「心」のつく漢字には、心や心のはたらきに関係《かんけい》するものが多くあります。

※○数字は習う学年

漢字	主な読み方
心②	シン こころ
思②	シ おもう
急③	キュウ いそぐ
息③	ソク いき
悪③	アク (オ) わるい
悲③	ヒ かなしい かなしむ
意③	イ ―
感③	カン ―
想③	ソウ ―
必④	ヒツ かならず
念④	ネン ―
愛④	アイ ―
応⑤	オウ こたえる
志⑤	シ こころざす こころざし
態⑤	タイ ―

必

なりたち

ぼうをまっすぐにするため、木の両側《りょうがわ》に木を当て、ひもでしめつけた様子をえがいた字。

読み方
ヒツ
かならず

意味
・そうしなければならない
・きっと

5画

練習
はねる↑

1 「必」を書きましょう。

ひつよう［　　］要。

ひっし［　　］死で泳ぐ。

かなら［　　］ず行く。

約束《やくそく》を かなら［　　］ず守る。

2 読みがなを書きましょう。

必要（　　）な道具を出す。

必死（　　）で泳ぐ。

必（　　）ず行く。

約束《やくそく》を必（　　）ず守る。

念

読み方 ネン

意味
- 深く考える
- 注意する
- いのる

練習 つける

8画

なりたち 「今（ふたをかぶせてしまいこむ）」と「心（こころ）」を合わせた字。心にしまって、じっくり考えること、心の中の考えを表す。

1 「念」を書きましょう。

ざんねん［　　］［　　］。

ねんがん［　　］［願］。

ねん［　　］を入れて調べる。

2 読みがなを書きましょう。

残念（　　　　）に思う。念願（　　　　）がかなう。

念（　　　　）を入れて調べる。

愛

読み方 アイ

意味
- かわいがる
- 大切にする

練習 点の向きに注意

13画

なりたち 「旡（むねがいっぱいでため息をつく）」と「心（こころ）」と「夂（足をひきずる）」から、むねがいっぱいであいするの意味を表す。

1 「愛」を書きましょう。

あい［　　］情《じょう》。子を あい［　　］する。

あいちょう［　　］［鳥］週間。

2 読みがなを書きましょう。

親子の愛（　　　　）情《じょう》。子を愛（　　　　）する。

愛鳥（　　　　）週間が始まる。

漢字四字のことば

上の「愛鳥《あいちょう》週間」は、漢字四字でできたことばです。

これは、「愛鳥」と「週間」という漢字二字のことばが結《むす》びついたものです。

世界旅行
「世界」＋「旅行」

観察記録
「観察《かんさつ》」＋「記録《きろく》」

このような組み立てによる漢字四字のことばは、たくさんあります。これまでに習った漢字で作ってみましょう。

18 「牛《うし》・牜《うしへん》」のつく漢字 牧・特

牛

なりたち

「牛《うし》」は、角《つの》のあるうしの頭の部分をえがいたものです。「牜《うしへん》」のつく漢字には、牛に関《かん》係《けい》するものがあります。

※〇数字は習う学年

漢字	主な読み方
牛②	ギュウ うし
物③	ブツ モツ もの
牧④	ボク (まき)
特④	トク ―

牧

なりたち
「牛(うし)」と「攵(動作の記号)」を合わせ、手にぼうを持って牛を追うことを表す。

読み方
ボク (まき)

意味
・家ちくをかう

8画

練習 はらう→

❶「牧」を書きましょう。

ぼく じょう
（　）場。

ぼく そう
（　）草。

❷ 読みがなを書きましょう。

牧場（　）の馬。
※「まきば」とも読む。

羊が牧草（　）を食べる。

特

なりたち
「牛(うし)」と「寺(じっと止まる)」を合わせ、むれの中でじっとして目立つ大きな牛を表す。後にとりわけの意味を表す。

読み方
トク ―

意味
・とびぬけている

10画

練習 はねない→

❶「特」を書きましょう。

とく べつ
（　）別。

とく
（　）ちょう。

❷ 読みがなを書きましょう。

特別（　）な料理《りょうり》。

花の特（　）ちょうを調べる。

ドリル

点

1つ・5点

1 ―線の漢字の読みがなを書きましょう。

① 必ず行く。（　　）

② 特別なおくり物。（　　）

③ 牧草を集める。（　　）

④ 念を入れる。（　　）

⑤ 愛鳥週間。（　　）

⑥ 必死で泳ぐ。（　　）

⑦ 念願がかなう。（　　）

⑧ 親子の愛情《じょう》。（　　）

⑨ 花の特ちょう。（　　）

⑩ 牧場の馬。（　　）

2 読みがなにあう漢字を書きましょう。

① □□（ざんねん）に思う。（残）

② □□（とくべつ）な料理《りょうり》。

③ □□（ぼくじょう）の馬。

④ □□（ひつよう）な道具。（要）

⑤ 深い□（あい）情《じょう》。

⑥ □（とく）に寒い朝。

⑦ □□（ぼくそう）地。

⑧ 母が子を□（あい）する。

⑨ □（ねん）をおす。

⑩ 約束《やくそく》を（　　）（かなら）ず守る。

「彳《ぎょうにんべん》」のつく漢字

徳・径・徒

彳

なりたち

「彳《ぎょうにんべん》」は、十字路の左半分をえがいた形で、「いくこと」や「みち」の意味を表します。

「彳」のつく漢字には、行くことや行うことに関係《かんけい》するものがあります。

「亻《にんべん》」と「彳」は、まちがえやすいよ。漢字の意味と使い方を覚《おぼ》えよう。

漢字	主な読み方
後②	ゴ・コウ のち・あと うしろ
役③	ヤク （エキ）
待③	タイ まつ
径④	ケイ
徒④	ト
徳④	トク
往⑤	オウ
得⑤	トク える （うる）
復⑤	フク

※○数字は習う学年

（街→158ページ）

徳

読み方 トク

意味 ・りっぱな行い ・もうけ

なりたち もとの字は「德」。「彳（道を行く。行う）」と「悳（まっすぐな心）」を合わせた字。まっすぐな心でものごとを行うことを表す。

14画

練習 はねる

1 「徳」を書きましょう。

どうとく 道□の時間。

とく □のある人。（りっぱでうやまわれる人）

とくよう □用の品物。

正直はびとく 美□だ。（正直なことはりっぱな行いである）

2 読みがなを書きましょう。

道徳の時間。（　　）

徳のある人。（　　）

徳用の品物。（　　）

正直は美徳だ。（　　）

径

なりたち もとの字は「徑」。「彳(道)」と「巠(はたおりの台にたて糸をまっすぐにはった様子)」を合わせ、二か所をつないだ近道を表す。

読み方 ケイ

意味 •円や球のさしわたし •細い道

8画 径径径径径径径径

練習 径 径（つけない）

❶「径」を書きましょう。

円の 直《ちょっ》□《けい》。

地球の 半《はん》□《けい》。

❷ 読みがなを書きましょう。

円の直径（　　　）をはかる。

地球の半径（　　　）。

徒

なりたち 「彳(行く)」と「土(つち)」と「疋(足)」を合わせた字。土の上を一歩一歩歩いていくことを表す。

読み方 ト

意味 •歩いていく •でし

10画 徒徒徒徒徒徒徒徒徒徒

練習 徒 徒（はらう）

❶「徒」を書きましょう。

生《せい》□《と》。

□《と》競《きょう》走《そう》。

□《と》歩《ほ》。

❷ 読みがなを書きましょう。

高校の生徒（　　　）。徒歩（　　　）で行く。

徒競走（　　　）でゆう勝する。

漢字三字のことば

上の「徒競走」は、漢字三字でできたことばです。

これは、「徒（歩く）」と「競走」という、一字のことばと二字のことばが結《むす》びついたものです。

短時間

「短（みじかい）」＋「時間」

これとは反対に、二字と一字による組み立てのことばもあります。

感想文

「感想」＋「文（文章）」

このような組み立ての漢字三字のことばを作ってみましょう。

20 「攵《ぼくにょう／ぼくづくり》」のつく漢字

改・敗・散

攵

なりたち

「攵《ぼくにょう／ぼくづくり》」は、ぼうを手で持ってたたく様子をえがいたもので、動作を表す記号に使います。「攵」のつく漢字には、動作に関係《かんけい》するものがあります。

※○数字は習う学年

漢字	主な読み方
教②	キョウ おしえる おそわる
数②	スウ・(ス) かず かぞえる
放③	ホウ はなす ほうる
整③	セイ ととのえる ととのう
改④	カイ あらためる あらたまる
敗④	ハイ やぶれる
散④	サン ちる ちらす
故⑤	コ (ゆえ)
政⑤	セイ (ショウ) (まつりごと)
救⑤	キュウ すくう

改

読み方
カイ
あらためる
あらたまる

意味
•古いものを新しくする
•調べる

なりたち
「己(はっと立ち上がる)」と「攵(動作の記号)」を合わせた字。たるんだものに力を入れ、はっと起こすことから、よくないものをあらためる意味を表す。

7画
改 改 己 己 改 改 改

練習
改 改（おる）

1 「改」を書きましょう。

□□《かいりょう》(良)する。

駅の□□《かいさつ》(札)口《ぐち》。

年が□《あらた》まる。

気持ちを□《あらた》める。

2 読みがなを書きましょう。

機械《きかい》を改良（　　）する。

駅の改札口（　　）。

年が改（　　）まる。

気持ちを改（　　）める。

敗

なりたち
「貝（二つに分かれる二まいがい）」と「攵（動作の記号）」を合わせた字。ものごとが二つにわれてだめになることを表す。

読み方
ハイ
やぶれる

意味
・たたかいにまける
・やりそこなう

11画
敗 敗 敗 敗 敗 敗 敗 敗 敗 敗 敗

練習
「又」としない

1 「敗」を書きましょう。

小さな 失□（しっぱい）。

□□（れんぱい）する。

くやしい □北（はいぼく）。

試合《しあい》に □（やぶ）れる。

2 読みがなを書きましょう。

小さな失敗。（　　　）

連敗する。（　　　）

くやしい敗北。（　　　）

試合《しあい》に敗れる。（　　　）

散

なりたち
「𣏟（植物や肉を小さくばらばらにする）」と「攵（動作の記号）」を合わせた字。小さくばらばらにちらかすことを表す。

読み方
サン
ちる
ちらす
ちらかす
ちらかる

意味
・ばらばらになる
・気まま

12画
散 散 散 散 散 散 散 散 散 散 散 散

練習
はねる

1 「散」を書きましょう。

□歩（さんぽ）をする。

解《かい》□（さん）する。

花びらが □（ち）る。

部屋《へや》を □（ち）らかす。

2 読みがなを書きましょう。

犬を散歩させる。（　　　）

会を解《かい》散する。（　　　）

花びらが散る。（　　　）

部屋を散らかす。（　　　）

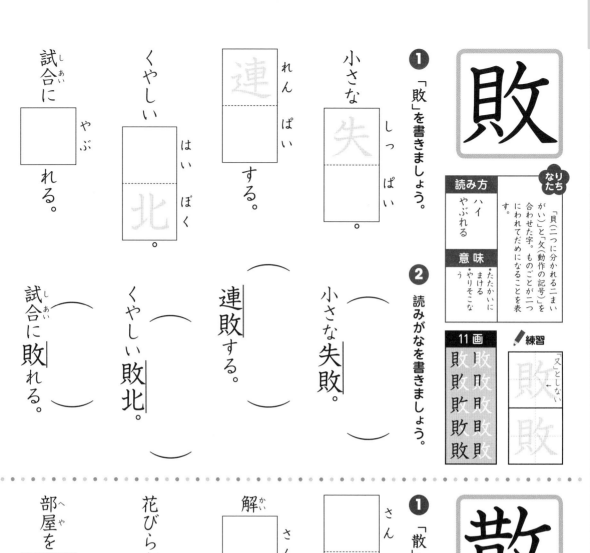

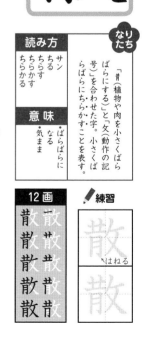

ドリル

□点
1つ・5点

1 ―線の漢字の読みがなを書きましょう。

① 駅の改札口《ぐち》。（　　）

② おしくも敗れる。（　　）

③ 円の直径。（　　）

④ 徳用品《ひん》を買う。（　　）

⑤ 中学校の生徒。（　　）

⑥ 改良した機械《きかい》。（　　）

⑦ 道徳の時間。（　　）

⑧ 地球の半径。（　　）

⑨ 部屋《へや》が散らかる。（　　）

⑩ 運動会の徒競走。（　　）

2 読みがなにあう漢字を書きましょう。

① 高校の□□《せいと》。

② □□《はいぼく》する。

③ 円の□□《ちょっけい》。

④ □《とく》のある人。

⑤ 犬の□□《さんぽ》。

⑥ □□《とほ》で行く。

⑦ 円の□□《はんけい》。

⑧ 失□《しっぱい》をする。

⑨ 花が□《ち》る。

⑩ 気持ちを［　　］《あらた》める。

まとめドリル

点

1つ・5点

❶ 読みがなにあう漢字を書きましょう。

① □（とく）に寒い。

② □（ねん）を入れる。

③ □（とく）のある人。

④ 子を□（あい）する母。

⑤ 残《ざん》□（ねん）に思う。

⑥ □（かい）良《りょう》した機《き》械《かい》。

⑦ 小さな失《しっ》□（ぱい）。

⑧ 解《かい》□（さん）する。

⑨ □（ぼく）草《そう》をほす。

⑩ □（と）競《きょう》走《そう》。

❷ 読みがなにあう漢字を書きましょう。

① 円の□□（ちょっけい）。

② □（ひつ）要《よう》な道具。

③ □□（あいちょう）週間。

④ 高校の□□（せいと）。

⑤ □□（ぼくじょう）の馬。

⑥ □□（どうとく）の時間。

❸ 次のことばを漢字と送りがなで〔　〕に書きましょう。

① 〔　　〕（かならず）行く。

② 試《し》合《あい》に〔　　〕（やぶれる）。

③ 年が〔　　〕（あらたまる）。

④ 部屋を〔　　〕（ちらかす）。

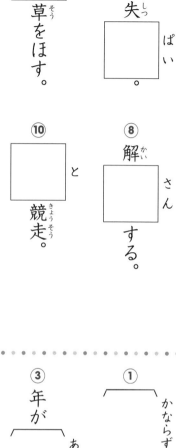

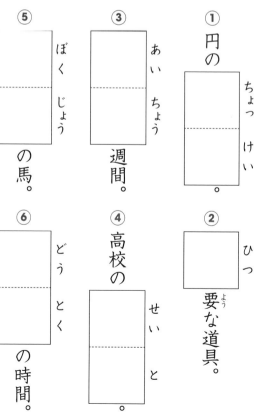

21 「山《やま》」のつく漢字

岐・岡・崎

山

なりたち

「山」は、三つのみねがあるやまの形をえがいたものです。

「山」のつく漢字には、山に関係《かんけい》するものが多くあります。

※○数字は習う学年

漢字	主な読み方
山①	サン やま
岩②	ガン いわ
岸③	ガン きし
島③	トウ しま
岐④	ー（キ）
岡④	ー おか
崎④	ー さき

岡 岐

岐

読み方

ー（キ）

意味

・分かれ道

なりたち

「山（やま）」と「支（えだ）」を合わせた字。分かれる意味を表す。

7画

岐 岐 岐 岐 岐 岐 岐

練習

岐 岐（おる）

1 「岐」を書きましょう。

ぎ［　］ふ［阜］県《けん》。 ※「ぎふ」はとくべつな読み。

ぎ［　］ふ［阜］市《し》。

ぎ［　］ふ［阜］の山。

ぎ［　］ふ［阜］城《じょう》。

2 読みがなを書きましょう。

岐阜（　　）県の山。

岐阜（　　）市に住む。

旅行で岐阜（　　）に行く。

岐阜（　　）城《じょう》を見る。

岡

なりたち
「山(やま)」と「网(まっすぐ、かたい)」を合わせた字。頂《いただき》が平らでかたい高台を表す。

読み方	
おか	

意味	
•小高い台地	

8画

練習 はねる

1 「岡」を書きましょう。

□《おか》山《やま》県《けん》。

□《おか》山《やま》の産業《さんぎょう》。

静《しず》□《おか》の気候《きこう》。

福《ふく》□《おか》県。

2 読みがなを書きましょう。

岡山（　　）県《けん》の観光地《かんこうち》。

岡山（　　）の産業。

静岡（　　）市《し》に住む。

九州《きゅうしゅう》の福岡（　　）県。

崎

なりたち
「山(やま)」と「奇」を合わせた字。ななめにかたむきながら、海につき出た山やみさきを表す。

読み方	
さき	

意味	
•りく地が海につき出た所	

11画

練習 はねる

1 「崎」を書きましょう。

長《なが》□《さき》の歴史《れきし》。

長《なが》□《さき》県《けん》。

宮《みや》□《ざき》県。

宮《みや》□《ざき》の名所。

2 読みがなを書きましょう。

長崎（　　）の歴史《れきし》。

長崎（　　）県の地形。

宮崎（　　）市《し》に行く。

宮崎（　　）の名所。

22 「阝《こざとへん》」のつく漢字

陸・隊・阪

阝

なりたち

「阝《こざとへん》」は、もとの形は「阜」。もり上げた土の様子をえがいたものです。

「阝」のつく漢字には、「おか・山・階段《かいだん》」に関係《かんけい》するものが多くあります。

※○数字は習う学年

漢字	主な読み方
院③	イン
階③	カイ
陽③	ヨウ
阪④	（ハン）
陸④	リク
隊④	タイ
防⑤	ボウ ふせぐ
限⑤	ゲン かぎる
険⑤	ケン けわしい
際⑤	サイ （きわ）

陸

読み方	意味	なりたち
リク	・地球上の土地の部分	「阝(おか)」と「坴(土を何だんにも積《つ》み上げる)」を合わせた字。もり上がって、広く連《つら》なる大地のりくを表す。

11画

陸 陸 陸 陸 陸 陸 陸 陸 陸 陸

練習

陸 陸 曲げる

1 「陸」を書きましょう。

りく □ と海。

南極《なんきょく》 たいりく 大□。

りくじょう 上□ 競技《きょうぎ》。

ちゃくりく 着□ する。

2 読みがなを書きましょう。

陸と海のさかい。（　　）

アフリカ大陸。（　　）

陸上競技《きょうぎ》の選手《せんしゅ》。（　　）

着陸する。（　　）

隊

なりたち
「阝（もり上げた土）」と「㒸（重いぶた）」を合わせた字。重い土が重なるように、まとまった人や兵士《へいし》の集まりを表す。

読み方
タイ
―

意味
・おおぜいの人の集まり

12画
隊 隊 隊 隊 隊 隊 隊 隊 隊 隊 隊 隊

練習
はねる

1 「隊」を書きましょう。

- へいたい ［兵］［　］の列。
- 音楽《おんがく》［　］（たい）に入る。
- たいちょう ［　］［長］の号令《ごうれい》。
- たんけん［　］（たい）。

2 読みがなを書きましょう。

- 外国の兵隊。（　　）
- 音楽隊に入る。（　　）
- 隊長が号令《ごうれい》する。（　　）
- たんけん隊の出発。（　　）

阪

なりたち
「阝（おか）」と「反（そりかえる）」を合わせた字。そりかえるような「さか」の意味を表す。

読み方
（ハン）
―

意味
・上り下りのある道

7画
阪 阪 阪 阪 阪 阪 阪

練習
はらう

1 「阪」を書きましょう。

- おおさか ［大］［　］府《ふ》。
- おおさか ［大］［　］の名物。
- おおさか ［大］［　］市《し》。
- おおさか ［大］［　］の歴史《れきし》。

※「おおさか」はとくべつな読み。

2 読みがなを書きましょう。

- 大阪府《ふ》の街《まち》。（　　）
- 大阪の名物。（　　）
- 大阪市の人口。（　　）
- 大阪の歴史《れきし》。（　　）

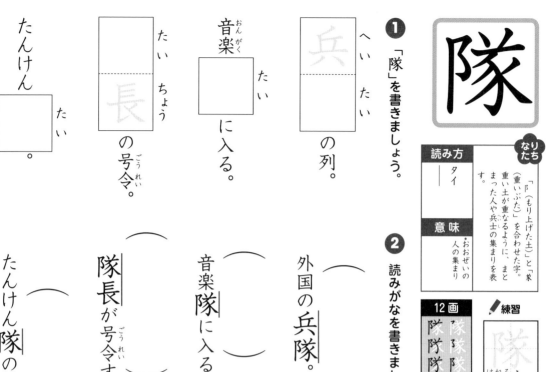

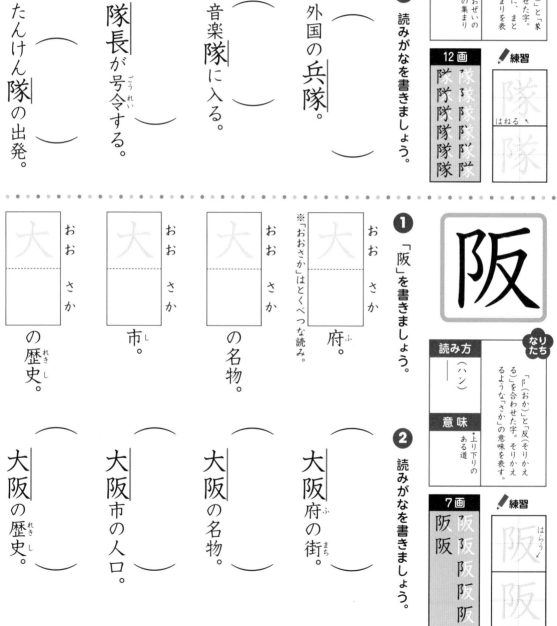

ドリル

1つ・5点　点

1 ―線の漢字の読みがなを書きましょう。

① 大阪城《じょう》の絵。（　　　）

② 大陸の地図。（　　　）

③ たんけん隊。（　　　）

④ 岐阜県《けん》に行く。（　　　）

⑤ 長崎のカステラ。（　　　）

⑥ おもちゃの兵隊。（　　　）

⑦ 岡山県の産業《さんぎょう》。（　　　）

⑧ 大阪市《し》の人口。（　　　）

⑨ 陸上競技《きょうぎ》。（　　　）

⑩ 宮崎市の人口。（　　　）

2 読みがなにあう漢字を書きましょう。

① □《りく》と海。

② □《ぎ》阜《ふ》県。

③ □□《たいちょう》の話。

④ 九州の□□《ふくおか》。

⑤ □《ぎ》阜《ふ》城《じょう》。

⑥ □□《おおさか》に住む。

⑦ □□《ながさき》の街《まち》。

⑧ □□《ちゃくりく》する。

⑨ □□《おかやま》県。

⑩ □□《みやざき》の名所。

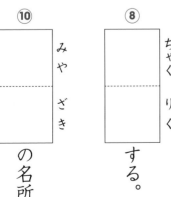

23 「土《つち》・扌《つちへん》」のつく漢字

城・埼・塩

土 なりたち

「土《つち》(扌《つちへん》)」は、高くもり上がっているつちの様子をえがいた字です。

「土」のつく漢字には、土や土地の様子に関係《かんけい》するものがあります。

※○数字は習う学年

漢字	主な読み方
土①	ド ト つち
地②	チ ジ —
場②	ジョウ ば
坂③	(ハン) さか
城④	ジョウ しろ
埼④	— さい
塩④	エン しお
圧⑤	アツ —

漢字	主な読み方
在⑤	ザイ ある
均⑤	キン —
型⑤	ケイ かた
基⑤	キ (もと) (もとい)
堂⑤	ドウ —
報⑤	ホウ (むくいる)
墓⑤	ボ はか
境⑤	キョウ (ケイ) さかい
増⑤	ゾウ ます ふえる

城

読み方　ジョウ　しろ

意味　・しろ

なりたち　「土(つち)」と「戊(工事用の道具)」と「丁(とんとんたたく)」を合わせた字。道具で土をとんとんたたいてつくったしろを表す。

9画　城 城 城 城 城 城 城 城 城

練習　わすれずに　城 城

1 「城」を書きましょう。

りっぱなお（しろ）。

（しろ）あとの公園。

（みや）宮（ぎ）県《けん》。※「みやぎ」はとくべつな読み。

（じょう）下《か》町《まち》。

2 読みがなを書きましょう。

りっぱなお城（　　）。

城（　　）あとの公園。

宮城（　　）県。

古い城（　　）下町。

埼

なりたち 「土（つち）」と「奇」を合わせた字。曲がって海につき出た陸地《りくち》やみさきを表す。

読み方	
さい	—
意味	
・山やりく地のつき出た部分	

11画：埼 埼 埼 埼 埼 埼 埼 埼 埼 埼 埼

練習（はねる）

1 「埼」を書きましょう。

さいたま［　　］県《けん》。

さいたま［　　］県産《さん》。

東京《とうきょう》とさいたま［　　］。

さいたま［　　］の自然《しぜん》。

2 読みがなを書きましょう。

埼玉（　　）県に住む。

埼玉（　　）県の産業《さんぎょう》。

東京と埼玉（　　）。

埼玉（　　）の自然《しぜん》。

塩

なりたち もとの字は「鹽」。「鹵（しおのかたまり）」と音を表す「監（カン・エン）」を合わせた字。

読み方	
エン	
しお	
意味	
・しお	

13画：塩 塩 塩 塩 塩 塩 塩 塩 塩 塩 塩 塩 塩

練習（はらう）

1 「塩」を書きましょう。

しお［　　］からい。

うすい しおあじ［　　］。

しょくえん［　　］のびん。

料理《りょうり》の えんぶん［　　］。

2 読みがなを書きましょう。

塩（　　）からい水。

うすい塩味（　　）。

食塩（　　）を使う。

塩分（　　）が多い。

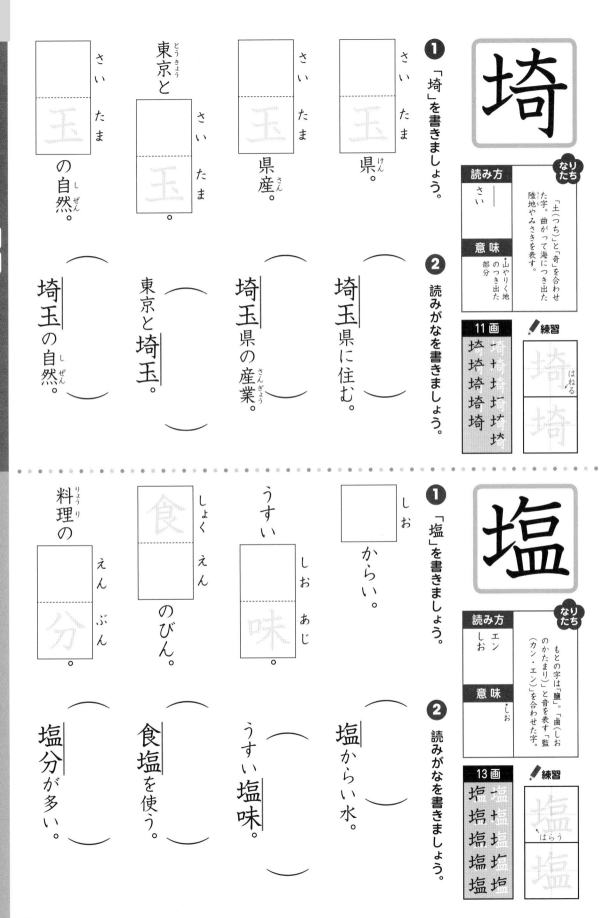

24 「⺒《のぎへん・のぎ》」のつく漢字

種・積

禾

なりたち

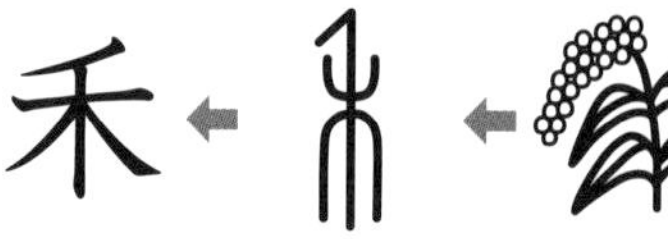

「禾《のぎへん・のぎ》（⺒）」は、いねなどの作物のほをえがいた字です。

※○数字は習う学年

漢字	主な読み方
科②	カ / ―
秋②	シュウ / あき
秒③	ビョウ / ―
種④	シュ / たね
積④	セキ / つむ / つもる

（利→48ページ）
（季→66ページ）

種

なりたち：「禾（作物）」と「重（重みをかける）」を合わせた字。土に重みをかけるようにして草木を植えること、また、まくたねを表す。

読み方：シュ　たね

意味：・植物のたね　・なかま

14画

練習（右から）

❶「種」を書きましょう。

しゅるい
［　］類。

たね
［　］をまく。

❷ 読みがなを書きましょう。

植物の種類。（　　）

花だんに種をまく。（　　）

積

なりたち：「禾（作物）」と「責（つみ重ねる）」を合わせた字。かりとった作物をつみ重ねることを表す。

読み方：セキ　つむ　つもる

意味：・つみ重ねる　・広さやかさ

16画

練習（とめる）

❶「積」を書きましょう。

めんせき
面［　］。

荷物を［　］つむ。

❷ 読みがなを書きましょう。

正方形の面積。（　　）

車に荷物を積む。（　　）

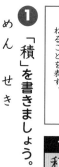

ドリル

点

1つ・5点

1 ――線の漢字の読みがなを書きましょう。

① 多くの種類。（　　）

② 正方形の面積。（　　）

③ 宮城県《けん》の人口。（　　）

④ 塩からい味。（　　）

⑤ ひまわりの種。（　　）

⑥ 城あとの公園。（　　）

⑦ 荷物を積む。（　　）

⑧ 塩分が多い。（　　）

⑨ 東京《とうきょう》と埼玉。（　　）

⑩ 古い城下町。（　　）

2 読みがなにあう漢字を書きましょう。

① □《たね》をまく。

② 図形の□□《めんせき》。

③ □《しお》をかける。

④ □□《さいたま》の自然《しぜん》。

⑤ □□《しょくえん》水《すい》。

⑥ 植物の□類《しゅるい》。

⑦ お□《しろ》の絵。

⑧ □□《えんぶん》が多い。

⑨ □□《みやぎ》県。

⑩ 雪が〔　《つ》〕もる。

まとめドリル

□点
1つ・5点

❶ 読みがなにあう漢字を書きましょう。

① □《りく》と海。

② □《しお》からい水。

③ □《たね》をまく。

④ たんけん□《たい》。

⑤ □《しろ》あとを見る。

⑥ 荷物を□《つ》む。

⑦ □《ぎ》阜《ふ》の山。

⑧ 静《しず》□《おか》県《けん》に住む。

⑨ 大《おお》□《さか》の名物。

⑩ 長《なが》□《さき》の歴《れき》史《し》。

❷ 読みがなにあう漢字を書きましょう。

① □□《おかやま》県。

② □□《さいたま》の自《し》然《ぜん》。

③ 田の□□《めんせき》。

④ 植物の□《しゅ》類《るい》。

⑤ □□《りくじょう》競《きょう》技《ぎ》。

⑥ □□《しょくえん》のびん。

⑦ □□《みやざき》県《けん》庁《ちょう》。

⑧ □□《たいちょう》の号《ごう》令《れい》。

⑨ こい□□《しおあじ》。

⑩ □□□《おおさかじょう》。

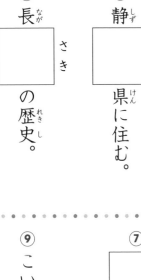

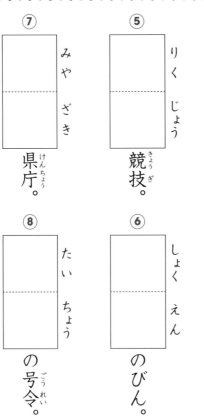

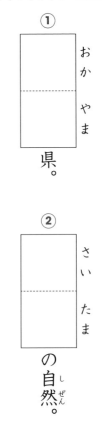

25 「八《はち》」のつく漢字

共・兵・典

八

なりたち

「八《はち》」は、左右に分かれた二本の線をえがいた形で、「わかれる」「ふたつにわれる」という意味を表します。

また、「共・兵・具」の「八」は、

何かをささげ持つ両手の様子をえがいた字で、「てでもつこと」の意味を表します。

漢字	主な読み方
八①	ハチ やっつ よう
六①	ロク むっつ むい
公②	コウ （おおやけ）
具③	グ
共④	キョウ とも
兵④	ヘイ ヒョウ
典④	テン

※○数字は習う学年

共

なりたち

物を両手でささげ持つ形を表した字。両手で持つことから、ともにの意味になった。

読み方	意味
キョウ とも	・いっしょに

6画 共

練習 とめる

❶ 「共」を書きましょう。

きょう つう
□通する。

きょう どう
□同生活。

とも
□にする。

とも
□働《ばたら》きの家。

❷ 読みがなを書きましょう。

共通する部分。（　　）

共同生活。（　　）

行動を共にする。（　　）

共働《ばたら》きの家。（　　）

兵

なりたち
「斤（おの。武器《ぶき》）」と「廾（両手）」を合わせた字。武器を手に持って戦《たたか》う、へい隊《たい》や戦争《せんそう》の意味を表す。

7画

読み方
ヘイ
ヒョウ

意味
・へいたい
・せんそう

練習 出す

1 「兵」を書きましょう。

へいたい　兵隊。

へいき　兵器。

ひょうご　兵庫県《けん》。

2 読みがなを書きましょう。

兵隊の服。

昔の兵器。

兵庫県神戸《こうべ》市《し》。

典

なりたち
「冊（竹の札《ふだ》に書いた昔の書物）」と「丌（台）」を合わせた字。台の上の書物のこと、また、書物に書いてある決まりを表す。

8画

読み方
テン

意味
・大切な書物
・しきたり

練習 つき出す

1 「典」を書きましょう。

じてん　辞典。

じてん　事典。

記念《きねん》しきてん　式典。

2 読みがなを書きましょう。

国語辞典。

百科事典。

記念式典のもよおし。

三つのジテン!?

上の「辞典」「事典」、そして「字典」という同じ読み方のことばがあります。

ここで、そのちがいをはっきりさせておきましょう。

◎「字典」…漢字の読み方や意味を説明《せつめい》した本。
・漢字字典

◎「事典」…いろいろな事がらについて説明した本。
・百科事典
・植物事典

◎「辞典」…ことばの読み方・意味・使い方などを説明した本。
・国語辞典
・英和《えいわ》辞典

26 「十《じゅう》」のつく漢字

協・卒・博

十

なりたち

「十《じゅう》」は、もとは一本のたて線でしたが、後に真ん中がふくれて、「十」の形になりました。「十」は、「ひとつにまとめる」という意味を表します。

「十」の書き順《じゅん》は、横画が先だよ。「十」のつく漢字でもたしかめておくといいね。

※○数字は習う学年

漢字	主な読み方
十①	ジュウ ジッ とお・と
千①	セン ち
午②	ゴ ―
半②	ハン なかば
南②	ナン (ナ) みなみ
協④	キョウ ―
卒④	ソツ ―
博④	ハク (バク) ―

(単→126ページ)

協

読み方	キョウ ―
意味	・心や力を合わせる

なりたち
「十(一つにまとめる)」と「劦(たくさんの力を合わせる)」を合わせた字。みんなで力を一つに合わせてすることを表す。

8画

練習
「木」としない

1 「協」を書きましょう。

きょう りょく [　] 力 する。

きょう どう [　] 同 組合。

きょう かい [　] 会 の仕組み。

きょう ちょう [　] 調 性《せい》。
(たがいにゆずり合い、力を合わせること)

2 読みがなを書きましょう。

みんなが協力する。(　　)

農業協同組合。(　　)

協会の仕組み。(　　)

協調性《せい》がある。(　　)

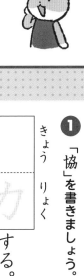

卒

なりたち 「衣（着物）」と「十（十人ずつまとまる）」を合わせた字。そろいの服のまとまった兵士《へいし》のこと。後に、まとまりの終わりを表す。

8画 卒卒卒卒卒卒卒卒

練習 卒 卒（とめる）

読み方 ソツ

意味 ・終わる

❶ 「卒」を書きましょう。

小学校を□《そつ》業《ぎょう》する。

新《しん》□《そつ》の社員。

❷ 読みがなを書きましょう。

小学校を卒業（　　）する。

新卒（　　）の社員。

博

なりたち 「十（ひとまとめにする）」と「尃（畑一面になえを植える）」を合わせた字。広く行きわたる、広くまとめて知ることを表す。

12画 博博博博博博博博博博博博

練習 博 博（わすれずに）

読み方 ハク （バク）

意味 ・ひろく行きわたる

❶ 「博」を書きましょう。

□《はく》士《し》。

□《はく》らん会。

□《はく》物《ぶつ》館《かん》。

❷ 読みがなを書きましょう。

文学博士（　　）。 ※「はかせ」とも読む。

万国博（　　）らん会。

博物館（　　）に見学に行く。

どっちのキョウドウ？

101ページに「協同組合」とありますね。また、99ページには「共同生活」ということばが出ています。どちらも、「キョウドウ」と読みます。使い分けを覚《おぼ》えましょう。

◎「協同」…人々が助け合いながら力を合わせて仕事をすること。（用いる例が少ない）

・協同組合

◎「共同」…二人以上《いじょう》の人がいっしょに何かをしたり、使ったり持ったりすること。

・共同製作《せいさく》

・共同経営《けいえい》

ドリル

1つ・5点

点

❶ ――線の漢字の読みがなを書きましょう。

① 三月に卒業する。（　　）
② 共同生活。（　　）
③ 文学博士。（　　）
④ 記念《きねん》式典。（　　）
⑤ 行動を共にする。（　　）
⑥ 博物館に行く。（　　）
⑦ 国語辞典。（　　）
⑧ 農業協同組合。（　　）
⑨ 協調性《せい》がある。（　　）
⑩ 兵隊の服。（　　）

❷ 読みがなにあう漢字を書きましょう。

① □□（きょう つう）の話題。
② 百科□□（じ てん）。
③ 国語□□（じ てん）。
④ □□（ひょう ご）県《けん》。
⑤ □（とも）働《ばたら》き。
⑥ □□（きょう りょく）する。
⑦ □（はく）らん会。
⑧ □□（そつ ぎょう）する。
⑨ 外国の□□（へい たい）。
⑩ □□□（はく ぶつ かん）。

27 「貝《かい・かいへん》」のつく漢字

貝

なりたち

「貝《かい・かいへん》」は、二まいがいの形をえがいたものです。昔、貝はお金と同じように使われていたので、お金やたからものの意味を表します。

※○数字は習う学年

漢字	主な読み方
貝①	―― かい
買②	バイ かう
負③	フ まける おう
貨④	カ ――
賀④	ガ ――

貨・賀

貨

なりたち
「化（すがたを変《か》える）」と「貝（お金）」を合わせた字。いろいろな物ととりかえられるお金や、お金のようにねうちのある品物を表す。

11画

練習 はねる

読み方
カ ――

意味
・お金
・ねうちのある品物

❶「貨」を書きましょう。

かもつ（　　）列車。

雑《ざっ》か（　　）。（生活で使う品物）

❷読みがなを書きましょう。

貨物列車が走る。（　　）

雑《ざっ》貨売り場。（　　）

賀

なりたち
「加（積《つ》み上げてくわえる）」と「貝（お金や財産《ざいさん》）」を合わせた字。神や人に、おくり物を積み上げておくって、祝《いわ》うことを表す。

12画

練習 出す

読み方
ガ ――

意味
・よろこんで祝う

❶「賀」を書きましょう。

ねんが（　　）状《じょう》。

がしょう（　　）。

❷読みがなを書きましょう。

年賀状《じょう》を書く。（　　）

賀正と書く。（　　）

金

なりたち

「金《かね》（金《かねへん》）」は、土の中にきんぞくのつぶがちらばっている様子をえがいた形です。

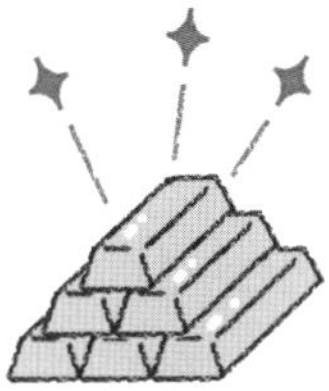

「金《かねへん》」では、最後の横画は右上にはらうよ。

※○数字は習う学年

漢字	主な読み方
金①	キン・コン かね かな
鉄③	テツ
銀③	ギン
録④	ロク
鏡④	キョウ かがみ

録

なりたち
「金（きんぞく）」と「录（はぎ取る）」を合わせた字。金ぞくの表面をみがいて絵をきざんだことから、記ろくすることを表す。

16画

練習
とめる 出す

読み方
ロク

意味
•書き記す
•うつしとる

❶「録」を書きましょう。

記□（き ろ く）。

□音（ろ く お ん）。

❷読みがなを書きましょう。

観察《かんさつ》の記録。（　　）

歌を録音する。（　　）

鏡

なりたち
「金（きんぞく）」と「竟（境《さかい》目《め》）」を合わせた字。昔は、みがいた金ぞくをかがみに使った。自分のすがたとの境目にあるかがみを表す。

19画

練習
はねる

読み方
キョウ
かがみ

意味
•かがみ
•レンズ

❶「鏡」を書きましょう。

□（かがみ）を見る。

望遠《ぼうえん》□（きょう）。

❷読みがなを書きましょう。

鏡を見る。（　　）

望遠鏡で星を見る。（　　）

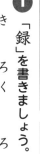

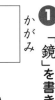

ドリル

点

1つ・5点

1 ―線の漢字の読みがなを書きましょう。

① 年賀状《じょう》を書く。（　　）

② 歌を録音する。（　　）

③ 鏡にうつす。（　　）

④ 雑《ざっ》貨を売る店。（　　）

⑤ 年賀のあいさつ。（　　）

⑥ 鏡をみがく。（　　）

⑦ 成長《せいちょう》の記録。（　　）

⑧ 貨物列車が走る。（　　）

⑨ 賀正と書く。（　　）

⑩ 望遠鏡をのぞく。（　　）

2 読みがなにあう漢字を書きましょう。

① □□《かもつ》列車。

② 大会新□□《きろく》。

③ □《かがみ》を見る。

④ □□《ろくおん》する。

⑤ □□《ねんが》状《じょう》。

⑥ □□《がしょう》と書く。

⑦ 雑《ざっ》□《か》売り場。

⑧ 望□□《ぼうえんきょう》。

⑨ 観察《かんさつ》の□□《きろく》。

⑩ □□《かもつ》を運ぶ。

頁

なりたち

「頁《おおがい》」は、頭を大きくした人のすがたをえがいた形で、人の頭を表します。「頁」のつく漢字には、頭や上の部分に関係《かんけい》するものがあります。

※○数字は習う学年

漢字	主な読み方
頭②	トウ・ズ（ト） あたま
顔②	ガン かお
題③	ダイ —
順④	ジュン —
類④	ルイ たぐい
願④	ガン ねがう
領⑤	リョウ —
額⑤	ガク ひたい

順

読み方	意味
ジュン —	・決められたならび

なりたち 「川（かわ）」と「頁（人の頭）」を合わせた字。人の言うことに、川の水のようにさからわず、したがう意味を表す。

12画
順 順 順 順 順 順 順 順 順 順 順 順

練習
順（はねない）
順

1 「順」を書きましょう。

五十音《ごじゅうおん》（じゅん□）。

（じゅん□）序《じょ》よくならぶ。

（じゅん□）（ばん）番を守る。

（せき）席（じゅん□）が変《か》わる。

2 読みがなを書きましょう。

五十音順の配列。（　　）

順序《じょ》よくならぶ。（　　）

順番を守る。（　　）

席順が変《か》わる。（　　）

類

なりたち
もとの字は「類」。「米（こめ）」と「犬（いぬ）」と「頁（人の頭）」を合わせ、こく物・動物・人間を表したことから、グループの意味になった。

読み方
ルイ たぐい
意味
•同じものの なかま

18画
类 类 类 类 类 类 类 类 类 类 类 类 类 类 类 類 類 類

練習
とめる

1 「類」を書きましょう。

魚の種《しゅ》□《るい》。

分《ぶん》□《るい》する。

親《しん》□《るい》の家。

小鳥の□《たぐ》い。（同じしゅるいのもの）

2 読みがなを書きましょう。

魚の種類（　　）を調べる。

本を分類（　　）する。

親類（　　）の家へ行く。

小鳥の類（　　）い。

願

なりたち
「原（あなからわき出る泉《いずみ》）」と「頁（頭）」を合わせた字。丸い頭の意味から、頭で考え、熱心《ねっしん》にねがうことを表す。

読み方
ガン ねがう
意味
•ねがう •ねがいごと •のぞむ

19画
原 原 原 原 原 原 原 原 原 原 原 願 願 願 願 願 願 願 願

練習
はねる

1 「願」を書きましょう。

平和を□《ねが》う。

□《ねが》いをかける。

念《ねん》□《がん》がかなう。

入学□《がん》書《しょ》。

2 読みがなを書きましょう。

平和な世界を願（　　）う。

星に願（　　）いをかける。

念願（　　）がかなう。

入学願書（　　）を出す。

30 「巾《はば》」のつく漢字

帯・希・席

巾

なりたち

「巾《はば》」は、たれ下がったぬのをえがいた形で、「ぬの」や「おり物」という意味を表します。「巾」のつく漢字には、ぬのに関係《かんけい》するものがあります。

はねる(▽)ところをわすれないように注意しよう！

※○数字は習う学年

漢字	主な読み方
市②	シ いち
帰②	キ かえる かえす
帳③	チョウ ―
希④	キ ―
席④	セキ ―
帯④	タイ おびる おび
布⑤	フ ぬの
師⑤	シ ―
常⑤	ジョウ つね (とこ)

帯

読み方	意味
タイ おびる おび	•おび •身につける

なりたち

もとの字は「帶」。「卌(ひもを通した形)」と「帀(長いぬのがたれた様子)」を合わせ、長い布《ぬの》をたらしたおびを表す。

10画

帯 帯 帯 帯 帯 帯 帯 帯 帯 帯

練習

帯 帯 出さない

1 「帯」を書きましょう。

熱《ねっ》[　]《たい》の植物。

けい[　]《たい》用歯ブラシ。(持ち運びできる歯ブラシ)

[　]《おび》をしめる。

赤みを[　]《お》びる。

2 読みがなを書きましょう。

熱帯(　　)の植物。

けい帯(　　)用歯ブラシ。

帯(　　)をしめる。

赤みを帯(　　)びる。

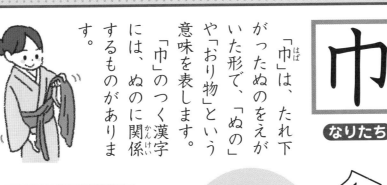

希

なりたち
「㐅(細かいしじゅうのおり目)」と「巾(ぬの)」で、おり目の細かい布のことから、小さくて少ない、めずらしいの意味を表す。

読み方
キ

意味
・ねがう
・めずらしい

7画

練習
とめる

1 「希」を書きましょう。

き ぼう
［　］望をもつ。

参加《さんか》の［　］望者。
き ぼう しゃ

2 読みがなを書きましょう。

希望をもつ。（　　）

参加の希望者。（　　）

席

なりたち
「广(家の中のあたたかいしき物)」と「巾(ぬの)」で、あたたかいざぶとんを表し、後に、すわる場所の意味になった。

読み方
セキ

意味
・すわる場所
・会を行う場所

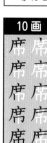

10画

練習
出す
はらう

1 「席」を書きましょう。

しゅっ せき
出［　］。

けっ せき
欠［　］。

ちゃく せき
着［　］する。

2 読みがなを書きましょう。

出席する人。（　　）

欠席する。（　　）

すぐ着席する。（　　）

どっちから書くか!?

「希」の「布」の部分で、「ノ」と「一」では、「ノ」を先に書きます。

では、「ナ」の形では、いつも「ノ」を先に書くのでしょうか。

「左」の字では、「一」を先に書きます。

◎「ノ」を先に書く字。
「右・有・希」

◎横画「一」を先に書く字。
「左・友・在」

ドリル

点

1つ・5点

1 ——線の漢字の読みがなを書きましょう。

① 願いをかける。（　　）

② 順序《じょ》よくならぶ。（　　）

③ 親類の家。（　　）

④ 熱帯の植物。（　　）

⑤ 念願がかなう。（　　）

⑥ 希望者が多い。（　　）

⑦ 席順が変《か》わる。（　　）

⑧ 小鳥の類い。（　　）

⑨ 赤みを帯びる。（　　）

⑩ すぐ着席する。（　　）

2 読みがなにあう漢字を書きましょう。

① □□（きぼう）をもつ。

② 魚の□□（しゅるい）。

③ □□（しゅっせき）する人。

④ 入学□□（がんしょ）。

⑤ □（おび）をしめる。

⑥ □□（じゅんばん）を守る。

⑦ 五十音□（じゅん）。

⑧ □□（ねったい）の気候《きこう》。

⑨ 本の□□（ぶんるい）。

⑩ 平和を□（ねが）う。

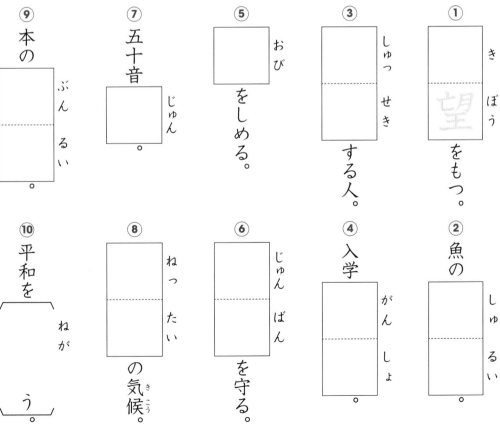

まとめドリル

□点

1つ・5点

1 読みがなにあう漢字を書きましょう。

① 着物の□《おび》。

② □《せき》にすわる。

③ 見る□《じゅん》序《じょ》。

④ □《とも》に働《はたら》く。

⑤ □《はく》らん会。

⑥ けい□《たい》電話。

⑦ □《かがみ》を見る。

⑧ □《き》望《ぼう》者《しゃ》が多い。

⑨ 望《ぼう》遠《えん》□《きょう》。

⑩ 雑《ざっ》□《か》売り場。

2 読みがなにあう漢字を書きましょう。

① □□《きょうどう》組合。

② 百科□□《じてん》。

③ □□《きろく》文《ぶん》。

④ 外国の□□《へいたい》。

⑤ 鳥の□□《しゅるい》。

⑥ □□《そつぎょう》式《しき》の日。

⑦ □□《ひょうご》県《けん》。

⑧ □□《ねんが》状《じょう》。

3 次のことばを漢字と送りがなで〔　〕に書きましょう。

① 虫の〔　〕《たぐい》。

② 平和を〔　〕《ねがう》。

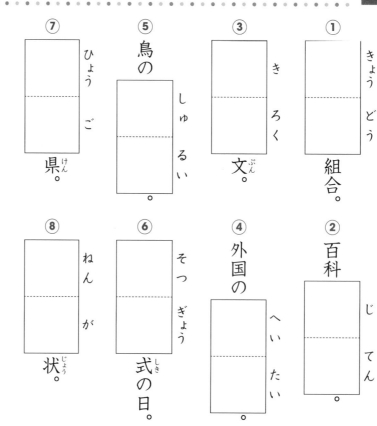

31 「見《みる》」のつく漢字

覚・観

見

なりたち

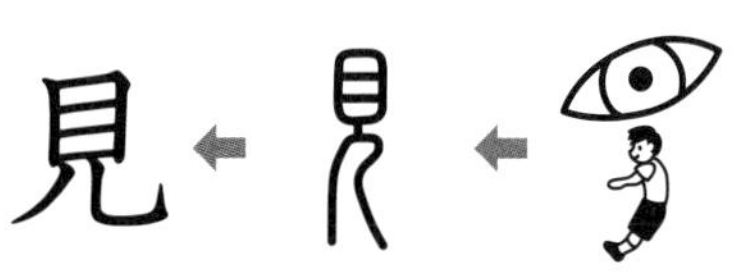

「見《みる》」は、目と人（儿）を合わせた形で、人が目でみることを表します。

※○数字は習う学年

漢字	主な読み方
見 ①	ケン みる みえる
親 ②	シン おや したしい
覚 ④	カク おぼえる さます
観 ④	カン ―
規 ⑤	キ ―

覚

なりたち もとの字は「覺」。「𦥯（家で人と人が交わって学ぶ）」と「見（みる）」を合わせ、見聞きしたことが、心で交わって気づくことを表す。

12画 覚 覚 覚 覚 覚 覚 覚 覚 覚 覚 覚 覚

練習 点の向きに注意 覚 覚

読み方 カク おぼえる さます さめる

意味 ・感じる ・記おくする ・目ざめる

❶ 「覚」を書きましょう。

感《かん》□。

□《おぼ》える。

□《さ》める。

❷ 読みがなを書きましょう。

手の感覚（　　）。

漢字を覚（　　）える。

目が覚（　　）める。

観

なりたち もとの字は「觀」。「雚（鳥が口をそろえて鳴く）」と「見（みる）」を合わせ、よく見わたす、くらべてみることを表す。

18画 観 観 観 観 観 観 観 観 観 観 観 観 観 観 観 観 観 観

練習 ↙右から 観 観

読み方 カン ―

意味 ・よく見る ・ながめる

❶ 「観」を書きましょう。

□□《かんさつ》察。

□□《かんこう》光。

❷ 読みがなを書きましょう。

こん虫の観察（　　）。

観光（　　）バスに乗る。

32 「手《て》・扌《てへん》」のつく漢字

折・挙

手

なりたち

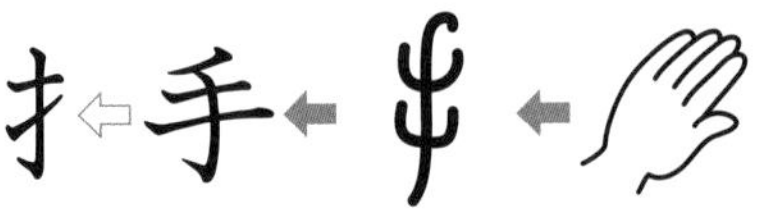

「手《て》」はての形をえがいたもので、「扌《てへん》」は「手」の変化《へんか》した形です。

※○数字は習う学年

漢字	主な読み方
手①	シュ　て　(た)
才②	サイ　―

打③	投③	指③	持③	拾③	折④	挙④
ダ　うつ	トウ　なげる	シ　ゆび	ジ　もつ	(シュウ)　(ジュウ)　ひろう	セツ　おる　おり	キョ　あげる　あがる

折

なりたち　「扌(もとは『手』ではなく、木を二つに切った形『ψψ』)」と「斤(おの)」を合わせた字。おので木をたち切る、おることを表す。

7画　折折折折折折折

練習　（はねる）

読み方　セツ　おる　おり　おれる

意味　・おる

❶ 「折」を書きましょう。

おり□。

お□る。

右《う》□《せつ》。(右に曲がること)

❷ 読みがなを書きましょう。

折を見る。（　　）

えだを折る。（　　）

道路を右折する。（　　）

挙

なりたち　もとの字は「擧」。「與(二人が両手で高く持ち上げる)」と「手(て)」を合わせた字。人によく見えるように、ものを高くあげることを表す。

10画　挙挙挙挙挙挙挙挙挙挙

練習　（はねる）

読み方　キョ　あげる　あがる

意味　・手を高くあげる　・計画して行う

❶ 「挙」を書きましょう。

選《せん》□《きょ》。

式を□《あ》げる。

❷ 読みがなを書きましょう。

選挙で決める。（　　）

結《けっ》こん式を挙げる。（　　）

ドリル

点

1つ・5点

1 ——線の漢字の読みがなを書きましょう。

① えだを折る。（　　）

② 折を見て話す。（　　）

③ 目が覚める。（　　）

④ 選挙で決める。（　　）

⑤ 車が右折する。（　　）

⑥ 名前を覚える。（　　）

⑦ 式を挙げる。（　　）

⑧ 花を観察する。（　　）

⑨ 観光バス。（　　）

⑩ するどい感覚。（　　）

2 読みがなにあう漢字を書きましょう。

① □《おり》を見て話す。

② 委員の□□《せんきょ》。

③ □□《かんこう》旅行。

④ 目が□《さ》める。

⑤ □□《うせつ》する。

⑥ 紙を□《お》る。

⑦ 手の□□《かんかく》。

⑧ 式を□《あ》げる。

⑨ 花の□□《かんさつ》。

⑩ 漢字を□《おぼ》える。

33 「車《くるま・くるまへん》」のつく漢字

軍・輪

車

なりたち

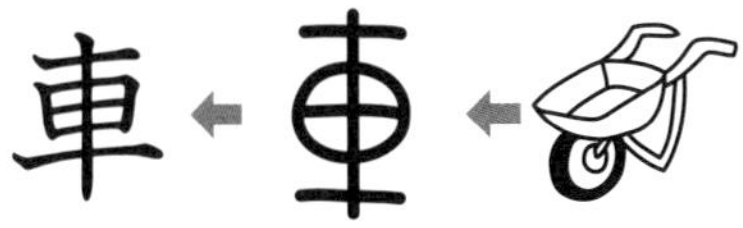

「車《くるま・くるまへん》」は、一輪《いちりん》車《しゃ》や二輪車のくるまをえがいた形です。車やまるい形に関係《かんけい》があります。

※○数字は習う学年

漢字	主な読み方
車①	シャ くるま
転③	テン ころがる ころぶ
軽③	ケイ かるい (かろやか)
軍④	グン —
輪④	リン わ
輸⑤	ユ —

軍

なりたち：「冖（とり囲《かこ》む）」と「車（戦車《せんしゃ》）」を合わせた字。戦車でとり囲むこと、後に、ぐん隊《たい》を表すようになった。

9画：冖 冖 冖 冖 冖 冝 冝 冝 軍

練習：↑長く

読み方：グン —

意味：
- へいたいの集まり
- せんそう

❶ 「軍」を書きましょう。

ぐんたい □隊。

ぐんばい □配。

❷ 読みがなを書きましょう。

外国の軍隊。（　　　）

軍配を上げる。（　　　）

輪

なりたち：「車（くるま）」と「侖（順序《じゅんじょ》よくならべる）」を合わせ、じくと外側《そとがわ》のわくをつなぐぼうがきちんとならんだ車のわを表す。

15画：輪 輪 輪 輪 輪 輪 輪 輪 輪 輪 輪 輪 輪 輪 輪

練習：はねる

読み方：リン わ

意味：
- 車のわ
- わのようにまるい形

❶ 「輪」を書きましょう。

いちりん □□車《しゃ》。

わ □ゴム。

❷ 読みがなを書きましょう。

一輪車に乗る。（　　　）

輪ゴムをかける。（　　　）

示

なりたち

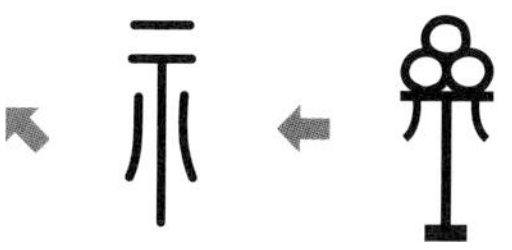

示 ⇩ ネ

「示《しめす》」は、「ネ《しめすへん》」のもとの形で、神様をまつる祭だんをえがいたものです。

※○数字は習う学年

漢字	主な読み方
社②	シャ　やしろ
礼③	レイ（ライ）　―
神③	シン・ジン　かみ　（かん）・（こう）
祭③	サイ　まつる　まつり
福③	フク　―
祝④	シュク（シュウ）　いわう
票④	ヒョウ　―
示⑤	ジ（シ）　しめす
祖⑤	ソ　―
禁⑤	キン　―

（察→75ページ）

祝

なりたち

「ネ（祭だん）」と「兄（いのりのことばをあげる人）」を合わせた字。神にとなえるめでたいことばから、いわう意味になった。

9画

祝祝祝祝祝祝祝祝祝

練習

祝　祝

はねる↑

読み方

シュク（シュウ）
いわう

意味

・めでたいこととしてよろこぶ

❶「祝」を書きましょう。

新年を［　］《いわ》う。

［　］《しゅく》［日］《じつ》。

❷読みがなを書きましょう。

新年を祝う。（　　）

国民《こくみん》の祝日。（　　）

票

なりたち

「覀（細く軽い腰《こし》）」と「示（火の形の変《か》わったもの）」を合わせ、軽い火の粉《こ》がひらひらする様子から、うすい札《ふだ》を表す。

11画

票票票票票票票票票票票

練習

票　票

↖はねる

読み方

ヒョウ
―

意味

・せんきょのときの紙のふだ
・ふだ

❶「票」を書きましょう。

［投］《とう》［　］《ひょう》。

［開］《かい》［　］《ひょう》。

❷読みがなを書きましょう。

投票で決める。（　　）

開票の結果《けっか》が出る。（　　）

ドリル

点

1つ・5点

1 —線の漢字の読みがなを書きましょう。

① 票を投じる。（　　）

② お祝いのことば。（　　）

③ 輪ゴムをかける。（　　）

④ 投票で決める。（　　）

⑤ 外国の軍隊。（　　）

⑥ 開票が始まる。（　　）

⑦ 一輪車に乗る。（　　）

⑧ たん生日を祝う。（　　）

⑨ 祝日のもよおし。（　　）

⑩ 軍配を上げる。（　　）

2 読みがなにあう漢字を書きましょう。

① 小さな□《わ》ゴム。

② 国民《こくみん》の□□《しゅくじつ》。

③ □□《いちりん》の花。

④ □□《とうひょう》用紙。

⑤ □□《かいひょう》の結果《けっか》。

⑥ 外国の□□《ぐんたい》。

⑦ お□《いわ》い。

⑧ □□□《いちりんしゃ》。

⑨ 行司《ぎょうじ》の□□《ぐんばい》。

⑩ 新年を（　）《いわ》う。

35 「食《しょく》・食《しょくへん》」のつく漢字 飯・養

食

なりたち

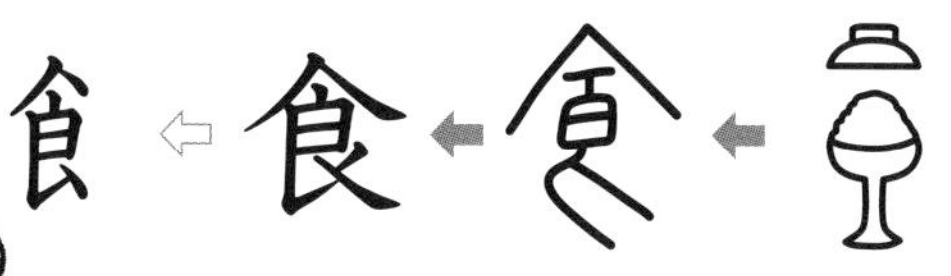

「食《しょく》」はご飯《はん》をもったうつわとふたをえがいた形で、「食《しょくへん》」は「食」の変化《へんか》したものです。

※○数字は習う学年

漢字	主な読み方
食②	ショク くう たべる
飲③	イン のむ
館③	カン やかた
飯④	ハン めし
養④	ヨウ やしなう
飼⑤	シ かう

飯

なりたち 「食(たべ物)」と「反(そり返ってばらばらになる)」を合わせた字。米のつぶがたきあがって、ばらばらになったごはんのこと。

12画

練習 とめる

読み方: ハン めし

意味: ●ごはん ●食事のこと

❶ 「飯」を書きましょう。

ご□《はん》。にぎり□《めし》。

❷ 読みがなを書きましょう。

ご飯( )を食べる。

にぎり飯( )を作る。

養

なりたち 「羊(ひつじの肉)」と「食(ごちそう)」を合わせた字。栄《えい》ようのある食べ物は体を育てることから、やしなう意味を表す。

15画

練習 長く

読み方: ヨウ やしなう

意味: ●食べ物をあたえる

❶ 「養」を書きましょう。

栄□《えいよう》。家族を□《やしな》う。

❷ 読みがなを書きましょう。

栄養( )をとる。

家族を養( )う。

36 「戈《ほこがまえ》《ほこづくり》」のつく漢字

成・戦

戈 なりたち

「戈《ほこがまえ》《ほこづくり》」は、先がかぎに曲がった昔のほこの形をえがいたものです。

書き順《じゅん》に注意！「弋」や「戋」とまちがえないように！

※○数字は習う学年

漢字	主な読み方
成④	セイ（ジョウ）なる・なす
戦④	セン（いくさ）たたかう

成

なりたち 「戊（ほこ。道具）」と「丁（トントンたたく）」を合わせた字。道具で物を作りあげることを表す。

6画 成成成成成成

練習 ↑はねる

読み方 セイ（ジョウ）なる なす

意味 ・できあがる ・できている

❶「成」を書きましょう。

せいちょう □長。

な□り立《た》ち。

❷読みがなを書きましょう。

体が成長する。（　　）

漢字の成り立ちを調べる。（　　）

戦

なりたち もとの字は「戰」。「單（はたき。たたくこと）」と「戈（ほこ）」を合わせて、ほこでてきをたたくことから、たたかいを表す。

13画 戦戦戦戦戦戦戦戦戦戦戦戦戦

練習 点の向きに注意

読み方 セン（いくさ）たたかう

意味 ・たたかう ・勝ち負けをきそう

❶「戦」を書きましょう。

さくせん 作□。

てきと たたか□う。

❷読みがなを書きましょう。

作戦を立てる。（　　）

てきと戦う。（　　）

ドリル

1つ・5点

点

1 ―線の漢字の読みがなを書きましょう。

① 体が成長する。（　　　）
② 必死《ひっし》に戦う。（　　　）
③ ご飯を食べる。（　　　）
④ 実力を養う。（　　　）
⑤ 戦いが始まる。（　　　）
⑥ にぎり飯を作る。（　　　）
⑦ 体の栄養。（　　　）
⑧ 子馬の成長。（　　　）
⑨ 作戦を立てる。（　　　）
⑩ 漢字の成り立《た》ち。（　　　）

2 読みがなにあう漢字を書きましょう。

① 体の［　　］《せいちょう》。
② にぎり［　］《めし》。
③ 五目ご［　］《はん》。
④ ［　　］《さくせん》を練る。
⑤ ［　］《たたか》いに勝つ。
⑥ 漢字の［　］《な》り立ち。
⑦ 体の［　　］《えいよう》。
⑧ 家族を［　］《やしな》う。
⑨ ご［　］《はん》茶《ぢゃ》わん。
⑩ てきと［　］《たたか》う。

37 「大《だい》」のつく漢字

夫・失・奈

大

なりたち

「大《だい》」は、両手を広げて立っている人のすがたをえがいた形で、大きいことを表します。

「大」のつく漢字には、人が立った様子や大きいことに関係《かんけい》するものがあります。

「夫」は、おとなの男がつけるかんむりをつけて「大」の字に立っているすがたを表すよ。

※○数字は習う学年

漢字	主な読み方
大①	ダイ　タイ　おおきい
天①	テン　(あめ)　あま
太②	タイ　タ　ふとい
央③	オウ　—

漢字	主な読み方
夫④	フ　(フウ)　おっと
失④	シツ　うしなう
奈④	ナ　—

夫

読み方	なりたち
フ　(フウ)　おっと	「大」の字に立っている人をえがいた字で、一人前の男、おっとを表す。
意味	
・結こんした男女の男のほう	

4画

練習　長く

❶ 「夫」を書きましょう。

姉の□《おっと》。

□《おっと》とつま。

キュリー□《ふ》人《じん》。

有名人□《ふ》妻《さい》。

❷ 読みがなを書きましょう。

姉の夫（　　）と話す。

夫（　　）とつま。

キュリー夫人（　　）。

有名人夫妻《さい》（　　）。

失

なりたち
「手(て)」の中にあった物がするりとぬけてなくなる様子を表した字。

読み方	意味
シツ うしなう	・なくす ・あやまち

5画
失 失 失 失 失

練習

1 「失」を書きましょう。

しっぱい
[　][敗]する。

しつれい
[　][礼]な話。

得点《とくてん》と しってん
[　][点]。

機会《きかい》を うしな
[　]う。

2 読みがなを書きましょう。

失敗をくりかえす。（　）

失礼な言い方。（　）

試合《しあい》で失点する。（　）

機会を失う。（　）

奈

なりたち
もとの字は「柰」。神様を祭る祭《さい》だんをえがいた「示」と「木」を合わせた字。祭だんにそなえるからなしの木を表す。

読み方	意味
ナ ―	・野生のりんごの木

8画
奈 奈 奈 奈 奈 奈 奈 奈

練習
はねる

1 「奈」を書きましょう。

なら
[　][良]県《けん》。
※「なら」はとくべつな読み。

なら
[　][良]の都。

なら
[　][良]へ行く。

かながわ
[神][　][川]県。
※「かながわ」はとくべつな読み。

2 読みがなを書きましょう。

奈良県の人口。（　）

奈良の古い都。（　）

奈良に行く。（　）

東京《とうきょう》と神奈川。（　）

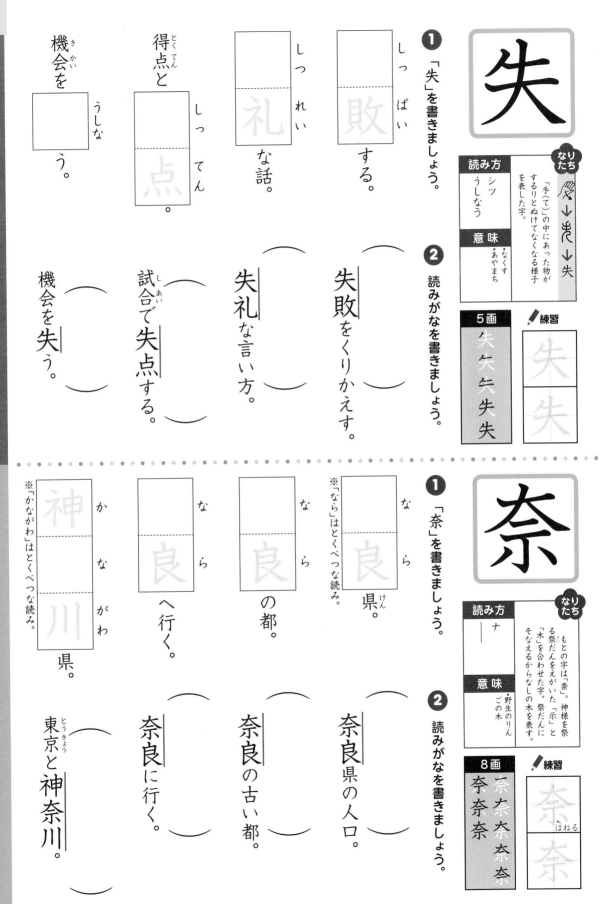

ドリル

点

1つ・5点

1 ―線の漢字の読みがなを書きましょう。

① キュリー夫人。（　　）

② 奈良の都。（　　）

③ 失礼な話。（　　）

④ 夫とつま。（　　）

⑤ 機会《きかい》を失う。（　　）

⑥ 神奈川に住む。（　　）

⑦ 失敗に終わる。（　　）

⑧ 田中《たなか》さん夫妻《さい》。（　　）

⑨ 試合《しあい》で失点する。（　　）

⑩ 京都《きょうと》と奈良。（　　）

2 読みがなにあう漢字を書きましょう。

① □良《なら》の名物。

② □□《しっぱい》する。

③ 姉の□《おっと》。

④ □□《しつれい》な話。

⑤ □□□《かながわ》県《けん》。

⑥ 社長□□《ふじん》。

⑦ □良《なら》県。

⑧ 得点《とくてん》と□□《しってん》。

⑨ 有名人□《ふ》妻《さい》。

⑩ 機会を（　　）《うしな》う。

38 「氏《うじ》」のつく漢字

氏・民

氏

なりたち

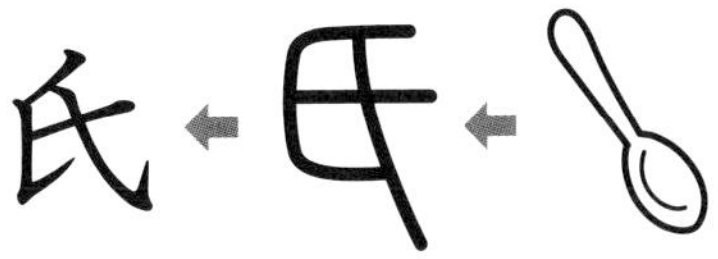

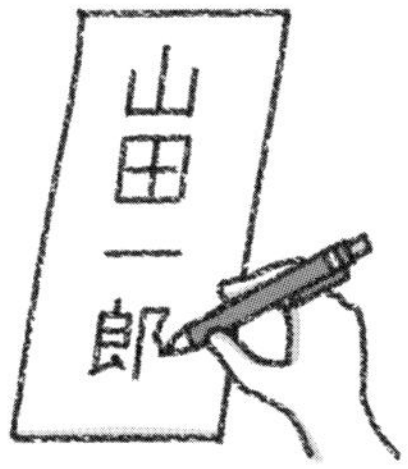

「氏《うじ》」は、先のするどくとがったさじをえがいた形です。

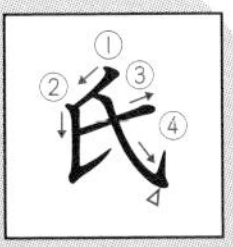

書き順《じゅん》に注意！はねる(◁)方向に気をつけよう！

※○数字は習う学年

漢字	主な読み方
氏④	シ（うじ）
民④	ミン（たみ）

氏

なりたち
さじをえがいた字。代々伝《つた》わっていく家名を「シ」といい、その音を借《か》りたもの。

4画
氏 氏 氏 氏

練習
氏 氏

読み方
シ
（うじ）

意味
・みょうじ
・名前の後につけることば

❶ 「氏」を書きましょう。

し[　]名《めい》を書く。

田中《たなか》し[　]。

❷ 読みがなを書きましょう。

住所と氏名を書く。（　　）

田中氏の談話。（　　）

民

なりたち
目をはりでさす様子をえがいた字。目の見えないどれいのことから、後に、支配《しはい》される人々の意味になった。

5画
民 民 民 民 民

練習
民 民

読み方
ミン
（たみ）

意味
・いっぱんの人々

❶ 「民」を書きましょう。

しみん[市][　]。

みんわ[　][話]。

❷ 読みがなを書きましょう。

市民運動会。（　　）

民話を読む。（　　）

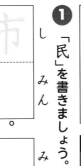

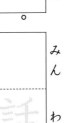

39 「⺍《つかんむり》」のつく漢字

単・巣

「⺍《つかんむり》」は、まるい形、口の形、かがり火の様子などをえがいたもので、いくつかのでき方があります。

なりたち

⺍ ← 

※○数字は習う学年

漢字	主な読み方
単④	タン ―
巣④	す （ソウ）
営⑤	エイ いとなむ

（労→34ページ）
（栄→40ページ）
（覚→113ページ）
（挙→114ページ）

単

なりたち もとの字は「單」。平らでうすい昔のうちわをえがいた字。かんたんな作りだったので、こみいっていない意味になった。

9画

練習 点の向きに注意

読み方 タン ―

意味 •ただひとつ •ひとまとまり

❶ 「単」を書きましょう。

かん□《たん》。

□《たん》位《い》。

❷ 読みがなを書きましょう。

かん単にできる。（　　）

重さの単位。（　　）

巣

なりたち もとの字は「巢」。木の上に鳥がすを作った様子をえがいた字。  →巢→巣

11画

練習 はねない

読み方 す （ソウ）

意味 •鳥・虫・魚などのすみか

❶ 「巣」を書きましょう。

くもの□《す》。

□《す》箱《ばこ》。

❷ 読みがなを書きましょう。

くもの巣を見つける。（　　）

鳥の巣箱を作る。（　　）

ドリル

点

1つ・5点

1 ―線の漢字の読みがなを書きましょう。

① つばめの巣。（　　）

② 氏名を書く。（　　）

③ かん単な問題。（　　）

④ はちの巣。（　　）

⑤ 市民の生活。（　　）

⑥ 重さの単位。（　　）

⑦ 山本《やまもと》氏に会う。（　　）

⑧ 巣箱を作る。（　　）

⑨ 民話を読む。（　　）

⑩ 家族単位になる。（　　）
（家族でひとまとまりになる）

2 読みがなにあう漢字を書きましょう。

① かん［　］（たん）。

② 住所と［　　］（しめい）。

③ くもの［　］（す）。

④ ［　　］（しみん）運動会。

⑤ ［　　］（みんわ）の本。

⑥ 長さの［　　］（たんい）。

⑦ 田中《たなか》［　］（し）の家。

⑧ ［　　］（しみん）会館。

⑨ 鳥の［　　］（すばこ）。

⑩ ［　　］（しめい）を書く。

まとめドリル

□点
1つ・5点

1 読みがなにあう漢字を書きましょう。

① □《おっと》とつま。
② かん□《たん》な問題。
③ □《と》競走《きょうそう》。
④ はちの□《す》。
⑤ 外国の□《ぐん》隊《たい》。
⑥ 市《し》□《みん》会館。
⑦ 紙を□《お》る。
⑧ ご□《はん》を食べる。
⑨ 山田《やまだ》□《し》の家。
⑩ 黄色の□《わ》ゴム。

2 読みがなにあう漢字を書きましょう。

① 体の□□《せいちょう》。
② 植物の□□《かんさつ》。
③ □□《とうひょう》用紙。
④ □《な》良《ら》県《けん》。

3 次のことばを漢字と送りがなで〔　〕に書きましょう。

① 入学〔　〕《いわい》。
② 漢字を〔　〕《おぼえる》。
③ 子を〔　〕《やしなう》。
④ 機会《きかい》を〔　〕《うしなう》。
⑤ 式を〔　〕《あげる》。
⑥ てきと〔　〕《たたかう》。

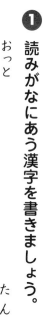

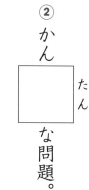

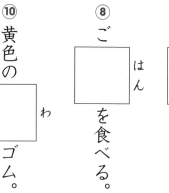

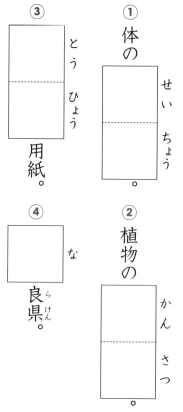

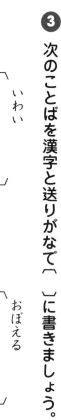

40 二つ(上と下)に分かれる漢字

省・児・変・要・差・望・置・最・量

これまでに学習した、「艹(くさかんむり)」「宀(うかんむり)」「⺮(たけかんむり)」などのつく漢字は、上と下の部分に分かれる漢字です。このような上と下の部分が合わさってできた漢字は、ほかにも、たくさんあります。

ここでは、四年生で習う次の九つの漢字を覚《おぼ》えましょう。

二つに分けられる漢字は、それぞれの部分に分けて覚えるようにすると、わすれないし、まちがえないね。

漢字	主な読み方
児	ジ (ニ) —
省	セイ ショウ はぶく
変	ヘン かわる かえる
要	ヨウ かなめ (いる)

漢字	主な読み方
差	サ さす
望	ボウ (モウ) のぞむ
最	サイ もっとも
量	リョウ はかる
置	チ おく

省

なりたち
「少(小さくけずる)」と「目(め)」を合わせた字。細かいところまで見ることから、自分の行いを細かいところまでふりかえることを表す。

読み方
セイ
ショウ
(かえりみる)
はぶく

意味
•ふり返って考える
•はぶく
•役所

9画
省省省省省省省省省

練習
省 ↑とめる
省

1 「省」を書きましょう。

反《はん》[　]《せい》する。

[　]《しょう》略《りゃく》する。

文部科学《もんぶかがく》[　]《しょう》。

むだを[　]《はぶ》く。

2 読みがなを書きましょう。

行いを反省する。(　　)

説明《せつめい》を省略《りゃく》する。(　　)

文部科学省の仕事。(　　)

むだを省く。(　　)

児

なりたち
もとの字は「兒」。まだ頭のほねがかたまっていない小さな子どもを表した字。

読み方
ジ
（ニ）

意味
・子ども

7画
児 児 児 児 児 児 児

練習
はねる↑

❶ 「児」を書きましょう。

じどう公園。

えんじの服。

いくじの本。

じどうかい。

❷ 読みがなを書きましょう。

児童公園で遊ぶ。（　　）

ようち園児の服。（　　）

育児の本。（　　）

児童会の集まり。（　　）

何がかわる!?

次のページに「変《か》わる」「変える」とありますが、三年生で「代わる」「代える」という漢字も習っています。意味と使い方のちがいを、しっかりと覚《おぼ》えましょう。

◎「変わる」…前とちがう様子になる。
・話が変わる。位置《いち》が変わる。声変わり。

◎「代わる」…ほかのものがかわりの役をする。
・父の代わり。代わり番こ。身代わり。

★次の「かわる」は、どちらの漢字を使いますか。正しい漢字を書きましょう。

① 当番を友だちとかわる。（　　）
② 考えが少しかわる。（　　）
③ 母にかわってあいさつする。（　　）

答え ①代 ②変 ③代

変

なりたち
もとの字は「變」。「䜌（糸がもつれる）」と「夂（動作の記号）」を合わせた字。もつれてふつうでない様子になることを表す。

読み方	意味
ヘン かわる かえる	●かわる ●ふつうでない

9画

練習
はねる

1 「変」を書きましょう。

□《へん》□《か》（化）する。

□《へん》な形の虫。

色が□《か》わる。

顔色を□《か》える。

2 読みがなを書きましょう。

形が変化する。（　　）

変な形の虫。（　　）

信号《しんごう》の色が変わる。（　　）

顔色を変える。（　　）

要

なりたち

女の人が腰《こし》に手をおいた様子の字。腰は体の中心なので大切なところを意味する。

読み方	意味
ヨウ かなめ （いる）	●大切なところ ●もとめる

9画

練習
「西」としない

1 「要」を書きましょう。

□《ひつ》（必）□《よう》な物。

□《じゅう》（重）□《よう》な話。

チームの□《かなめ》。（大切なものごと）

話の□《よう》□《てん》（点）。

2 読みがなを書きましょう。

必要な物。（　　）

重要な話。（　　）

チームの要。（　　）

話の要点。（　　）

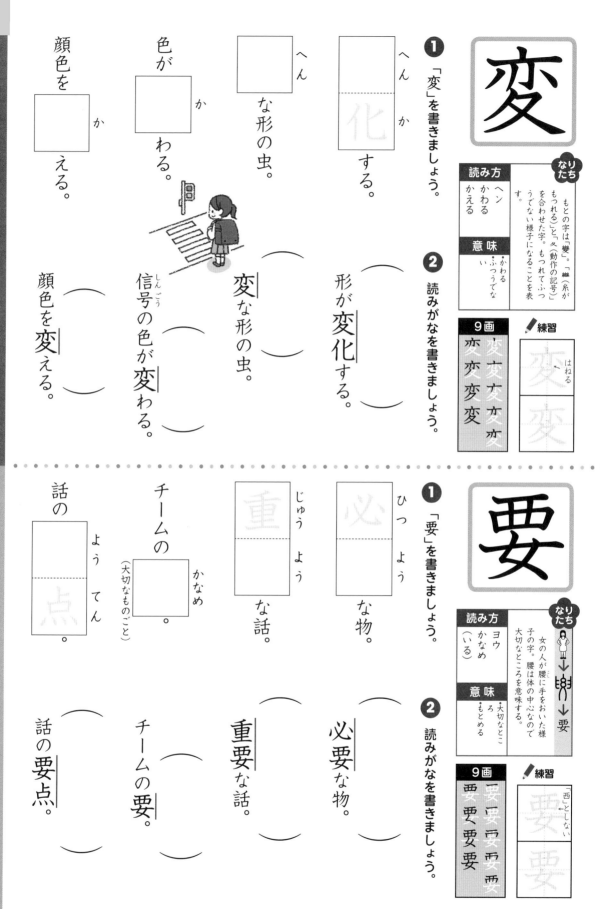

ドリル

点
1つ・5点

1 ―線の漢字の読みがなを書きましょう。

① 色が変わる。（　　）
② ようち園の園児。（　　）
③ 反省点《てん》をあげる。（　　）
④ 話の要点。（　　）
⑤ 育児の本。（　　）
⑥ 形が変化する。（　　）
⑦ チームの要。（　　）
⑧ 重要な話。（　　）
⑨ 説明《せつめい》を省略《りゃく》する。（　　）
⑩ 気分を変える。（　　）

2 読みがなにあう漢字を書きましょう。

① □□（じどう）公園。
② 気温の□□（へんか）。
③ □□（はんせい）する。
④ 文章の□□（ようてん）。
⑤ □□（ひつよう）な物。
⑥ □□（えんじ）の服。
⑦ 文部科学《もんぶかがく》□（しょう）。
⑧ むだを［　（はぶ）く］。
⑨ □□（じゅうよう）な話。
⑩ 顔色を［　（か）える］。

差

なりたち

「⺷（いねのほがたれた形）」と「左（ひだり手）」を合わせた字。ほの先がじぐざぐしてそろわないことから、そろわないで生じたちがいを表す。

読み方

サ
さす

意味

・数りょうのちがい

10画

差差差差差差差差差差

練習

はらう

❶ 「差」を書きましょう。

一点《いってん》［　］《さ》で勝つ。

交《こう》［　］《さ》点《てん》。

手を［　］《さ》し出《だ》す。

明かりが［　］《さ》す。

❷ 読みがなを書きましょう。

一点差で勝つ。（　　）

駅前の交差点。（　　）

手を差し出す。（　　）

明かりが差す。（　　）

いくつかの音読み

129ページの「省」には、「セイ」と「ショウ」という二つの音読みがあります。これは、どうしてでしょうか。

漢字は、中国から伝《つた》わってきましたが、長い中国の歴史《れきし》の中で、読み方が変《か》わったものや、また、地方によって少しちがった読み方をしたものがありました。そのために、音の読み方にちがいのあるものができました。

木　モク…材木《ざいもく》　ボク…大木《たいぼく》

力　リョク…強力《きょうりょく》　リキ……力作《りきさく》

平　ヘイ……平気《へいき》　ビョウ…平等《びょうどう》

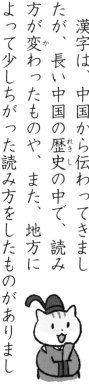

「読書《ドク》」「読本《トク》」「読点《トウ》」のように、三つの音がある漢字もあるよ。

望

なりたち
もとの字は「朢」。「𦣝（ついたてで見えない月）」と「壬（せのびをする様子）」を合わせた字。月が出てくるのをせのびして待ちのぞむことを表す。

読み方	意味
ボウ （モウ） のぞむ	•ねがう •遠くを見る

11画
望 望 望 望 望 望 望 望 望 望 望

練習
はねる

❶ 「望」を書きましょう。

希《き》□《ぼう》をもつ。

□《ぼう》遠《えん》鏡《きょう》。

平和を□《のぞ》む。

□《のぞ》みがかなう。

❷ 読みがなを書きましょう。

希望をもつ。（　　）

望遠鏡で見る。（　　）

世界の平和を望む。（　　）

望みがかなう。（　　）

置

なりたち
「罒（あみ）」と「直（まっすぐ見る）」を合わせた字。小鳥をとるあみを決めた場所にまっすぐ立てておくことから、きちんとおくという意味になった。

読み方	意味
チ おく	•ある場所にすえつける

13画
置 置 置 置 置 置 置 置 置 置 置 置 置

練習
「四」としない

❶ 「置」を書きましょう。

位《い》□《ち》を変《か》える。

つくえの配《はい》□《ち》。

荷物を□《お》く。

庭の物《もの》□《おき》。

❷ 読みがなを書きましょう。

手の位置を変える。（　　）

つくえの配置。（　　）

荷物を置く。（　　）

庭の物置にしまう。（　　）

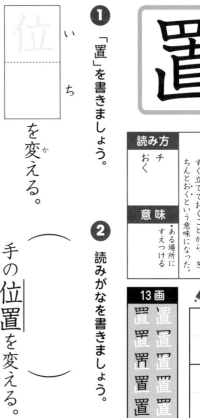

最

なりたち
「冃（おおい）」と「取（おおいの下の物を、もっとも少しだけつまむ）」を合わせた字。もっともの意味を表す。

読み方
サイ
もっとも

意味
・いちばんの

12画
最 最 最 最 最 最 最 最 最 最

練習
はらう

❶「最」を書きましょう。

□《さい》後《ご》の人。

□《さい》高《こう》の気分。

□《もっと》も長い橋。

□《もっと》も高い山。

❷読みがなを書きましょう。

最後の人。（　）

最高の気分。（　）

最も長い橋。（　）

最も高い山。（　）

量

なりたち
「冃（こく物のりょう）」と「重（おもさ）」を合わせた字。こく物などの重さをはかる意味を表す。

読み方
リョウ
はかる

意味
・ものの大きさ・長さ・多さ・重さなど

12画
量 量 量 量 量 量 量 量 量 量

練習
長く

❶「量」を書きましょう。

ごみの□《りょう》。

多《た》□《りょう》の水。

体重を□《はか》る。

塩《しお》の量《りょう》を□《はか》る。

❷読みがなを書きましょう。

ごみの量をへらす。（　）

多量の水を使う。（　）

体重を量る。（　）

塩《しお》の量《りょう》を量る。（　）

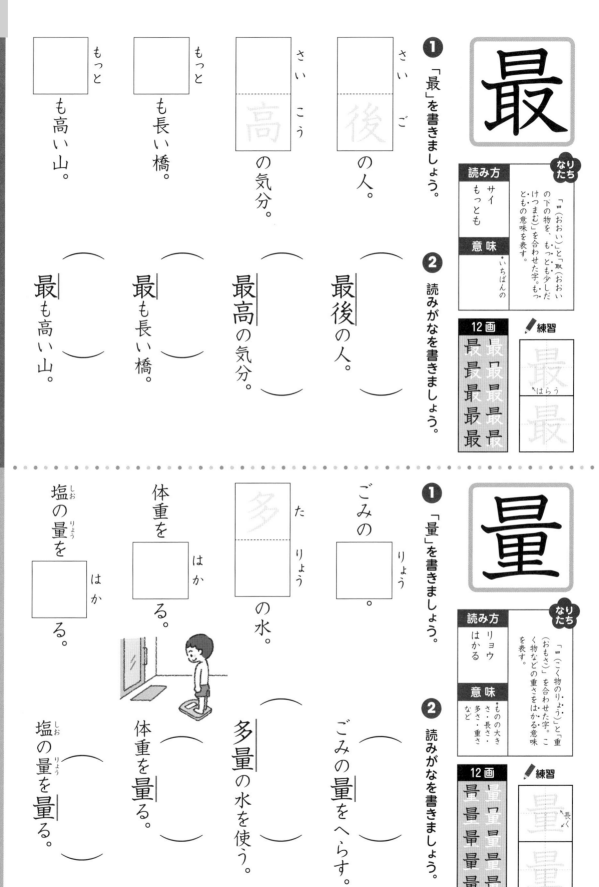

ドリル

点

1つ・5点

❶ ―線の漢字の読みがなを書きましょう。

① 最後の人。（　　）

② 望みがかなう。（　　）

③ 多量の水。（　　）

④ 望遠鏡をのぞく。（　　）

⑤ 手を差し出す。（　　）

⑥ 最も長い橋。（　　）

⑦ 物置にしまう。（　　）

⑧ つくえの配置。（　　）

⑨ 体重を量る。（　　）

⑩ 駅前の交差点。（　　）

❷ 読みがなにあう漢字を書きましょう。

① □□《さいこう》の気分。

② 庭の□□《ものおき》。

③ 手の□□《いち》。

④ □《もっと》も高い山。

⑤ 一点《いってん》□《さ》で勝つ。

⑥ 重さを□《はか》る。

⑦ □□《きぼう》をもつ。

⑧ 荷物を□《お》く。

⑨ ごみの□《りょう》。

⑩ 平和を□《のぞ》む。

41 二つ(右と左)に分かれる漢字

印・好・冷・的・郡・媛・群・
料・辞・残・旗・静・験・競

これまでに学習した、「糸(いとへん)」「言(ごんべん)」「氵(さんずい)」「亻(にんべん)」などのつく漢字は、右と左の部分に分かれる漢字です。このような右と左の部分が合わさってできた漢字は、ほかにもあります。

ここでは、四年生で習う次の十四の漢字を覚《おぼ》えましょう。

漢字	主な読み方
印	イン しるし
好	コウ このむ すく
冷	レイ つめたい ひえる
的	テキ まと
郡	グン —
残	ザン のこる のこす
料	リョウ —
媛	(エン) —
群	グン むれる むれ むら
辞	ジ (やめる)
旗	キ はた
静	セイ (ジョウ) しずか
験	ケン (ゲン) —
競	キョウ ケイ (きそう)

印

なりたち
「E(て)」と「卩(ひざまずいた人)」を合わせた字。人を手でおさえてひざまずかせることから、後に、おさえて、しるしをつける意味を表す。

読み方
イン
しるし

意味
・しるし
・する
・はんこ

6画
印 印 印 印 印 印

練習
印 印(はねる)

1 「印」を書きましょう。

しるし
□をつける。

め じるし
目□のビル。

いん さつ
□刷する。

よい いん
□象《しょう》。

2 読みがなを書きましょう。

本に印をつける。( )

目印のビル。( )

新聞を印刷する。( )

よい印象《しょう》をもつ。( )

好

なりたち
「女（おんな）」と「子（こども）」を合わせた字。子どもをだいじにしてかわいがることから、このむという意味を表す。

読み方
コウ
このむ
すく

意味
•すきである
•よい

6画
好 好 好 好 好 好

練習
好（はねる）
好

❶「好」を書きましょう。

□《す》きな本。

□《この》みの色。

父の□《こう》物《ぶつ》。

□《こう》調《ちょう》に進む。

❷読みがなを書きましょう。

好きな本。（　　）

好みの色。（　　）

父の好物。（　　）

好調に進む。（　　）

冷

なりたち
「冫（こおり）」と「令（集める印《しるし》とひざまずいた人の形）」を合わせた字。氷のようにすみきって、つめたいことを表す。

読み方
レイ
つめたい
ひえる
ひや・ひやす
さめる・さます

意味
•温度がひくい

7画
冷 冷 冷 冷 冷 冷 冷

練習
冷（とめる）
冷

❶「冷」を書きましょう。

□《れい》ぞう庫《こ》。

□《つめ》たい水。

ジュースを□《ひ》やす。

お茶が□《さ》める。

❷読みがなを書きましょう。

冷ぞう庫に入れる。（　　）

冷たい水を飲む。（　　）

ジュースを冷やす。（　　）

お茶が冷める。（　　）

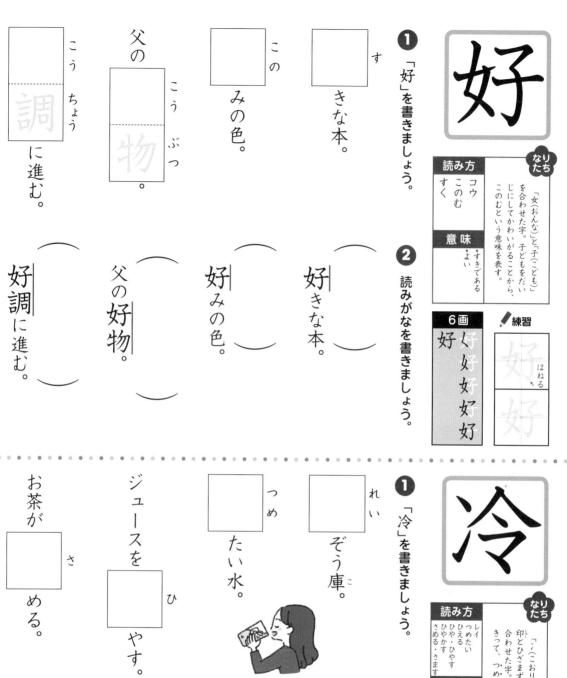

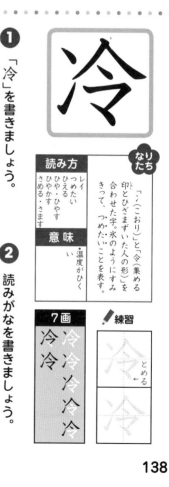

的

なりたち
「白（しろい）」と「勺（水をくむひしゃく。大切な物を取り出す）」を合わせた字。白くはっきりと目立つ目標《もくひょう》のまとを表す。

8画

練習 はねる

読み方
テキ
まと

意味
•目あて
•〜のような

❶「的」を書きましょう。

目□《もくてき》。 科学《かがく》□《てき》。

注目の□《まと》になる。
（かん心の集まる中心になる）

❷ 読みがなを書きましょう。

目的をもつ。（　　　）
科学的な考え。（　　　）
クラスの注目の的になる。（　　　）

郡

なりたち
「君（手と口でまとめる）」と「阝（土地と人で、人の集まる村）」を合わせた字。都市のまわりをとりまく村や町を表す。

10画

練習 つき出す

読み方
グン
—

意味
•都道府県《ふけん》の下の、村と町の区画

❶「郡」を書きましょう。

町や村をふくむ□《ぐん》。

東京都《とうきょうと》の□部《ぐんぶ》。

❷ 読みがなを書きましょう。

町や村をふくむ郡。（　　　）
東京都の郡部。（　　　）

媛

なりたち
女の人の手と手の間にゆとりのあること。優美《ゆうび》でゆとりのある上品《じょうひん》な女性《せい》の意味を表す。

12画

練習 はらう

読み方
（エン）
—

意味
•気品のある女の人
•おひめさま

❶「媛」を書きましょう。

愛□《えひめ》産《さん》のみかん。
※「えひめ」はとくべつな読み。

愛□《えひめ》県《けん》の名所。

❷ 読みがなを書きましょう。

愛媛を旅行する。（　　　）
四国《しこく》の愛媛県。（　　　）

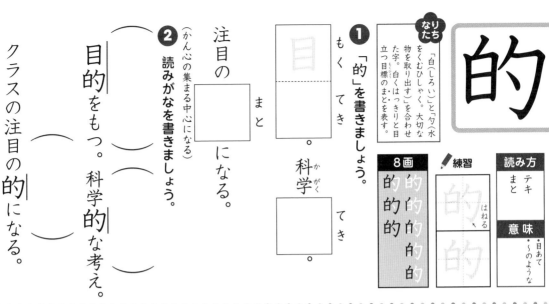

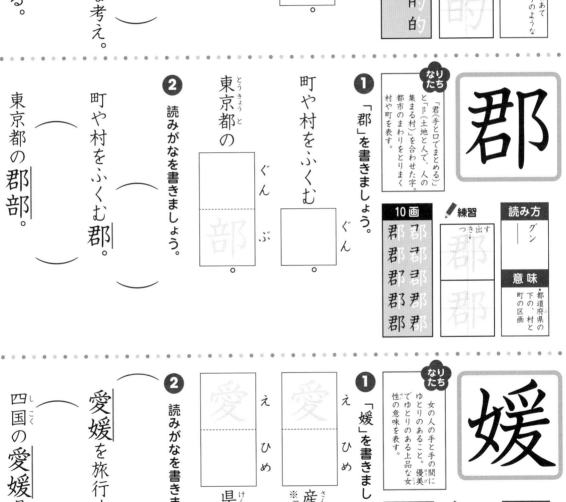

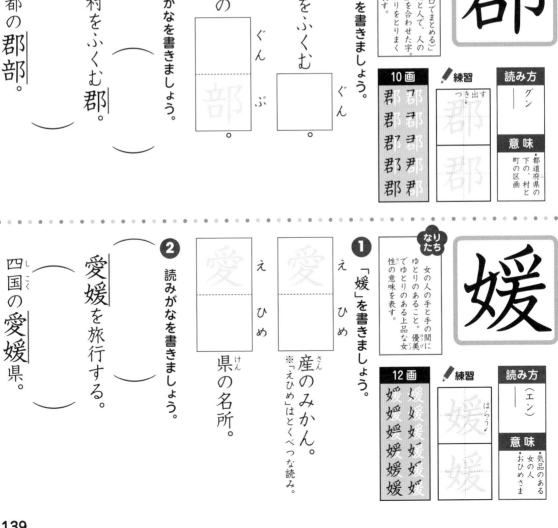

ドリル

点

1つ・5点

❶ ―線の漢字の読みがなを書きましょう。

① 好きな本。（　　）

② 目印の高いビル。（　　）

③ 注目の的。（　　）

④ 村をふくむ郡。（　　）

⑤ 冷ぞう庫《こ》。（　　）

⑥ 科学《かがく》的な考え。（　　）

⑦ 東京都の郡部。（　　）

⑧ 好調に進む。（　　）

⑨ よい印象《しょう》をもつ。（　　）

⑩ 飲み物を冷やす。（　　）

❷ 読みがなにあう漢字を書きましょう。

① □《しるし》をつける。

② □《まと》に当てる。

③ 父の□□《こうぶつ》。

④ （□《す》き）な本。

⑤ □□《ぐんぶ》の町村。

⑥ お茶が（□《さ》める）。

⑦ □□《いんさつ》する。

⑧ （□《この》み）の色。

⑨ □□《もくてき》をもつ。

⑩ （□《つめ》たい）水。

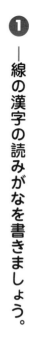

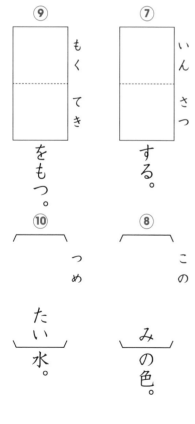

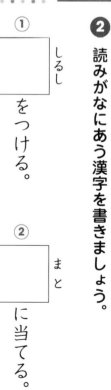

群

なりたち 「君（ぼうを持ってむれをまとめる）」と「羊（ひつじ）」を合わせた字。たくさんの人や動物が一つに集まったむれを表す。

13画

群 群 群 群 群 群 群 群 群 群 群 群 群

練習 群 群（つき出す）

読み方 グン　むれる　むれ　むら

意味 •多くのものが一か所に集まる

❶ 「群」を書きましょう。

大《たい》□《ぐん》。　魚の□《む》れ。

はとが□《むら》がる。

❷ 読みがなを書きましょう。

白鳥の大群。（　　）　魚の群れ。（　　）

はとがえさに群がる。（　　）

料

なりたち 「米（こめ）」と「斗（物をはかるます）」を合わせて、量《りょう》をはかることを表す。量をはかって使う材《ざい》りょうのことも表す。

10画

料 料 料 料 料 料 料 料 料 料

練習 料 料（とめる）

読み方 リョウ　―

意味 •ざいりょう　•代金

❶ 「料」を書きましょう。

□《りょう》理《り》。　材《ざい》□《りょう》。

電話□《りょう》金《きん》。

❷ 読みがなを書きましょう。

肉の料理。（　　）　材料を選《えら》ぶ。（　　）

電話料金。（　　）

辞

なりたち もとの字は「辭」。「𤔔（もつれた糸を引っぱる）」と「辛（するどいはもの）」を合わせ、もつれたことをほぐすことばを表す。

13画

辞 辞 辞 辞 辞 辞 辞 辞 辞 辞 辞 辞 辞

練習 辞 辞（上より短く）

読み方 ジ　（やめる）

意味 •ことばや文　•やめる

❶ 「辞」を書きましょう。

□《じ》典《てん》。　祝《しゅく》□《じ》。

出場を□《じ》退《たい》する。

❷ 読みがなを書きましょう。

国語辞典。（　　）　先生の祝辞。（　　）

出場を辞退《たい》する。（　　）

残

読み方	なりたち
ザン のこる のこす	もとの字は「殘」。「歹（ほね）」と「戔（二つのほこ）」を合わせた字。ほこで切られた小さなほねから、後に、最後《さいご》にのこったものを表す。

意味
・後にのこる ・あまり

10画

✎練習

はねる

❶ 「残」を書きましょう。

雪が□《のこ》る山。

ご飯《はん》を□《のこ》す。

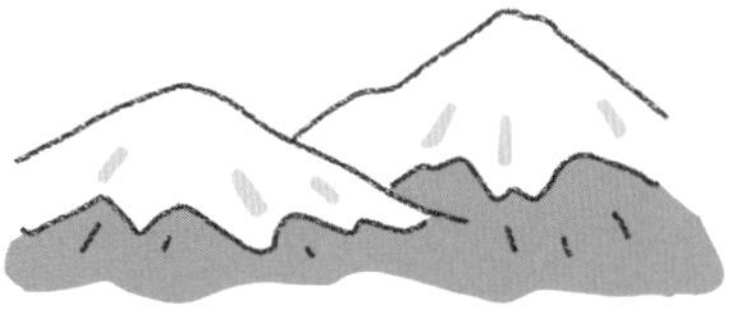

きびしい□暑《ざんしょ》。

□念《ざんねん》に思う。

❷ 読みがなを書きましょう。

雪が残る山。（　　）

ご飯を残す。（　　）

きびしい残暑。（　　）

残念に思う。（　　）

「料《りょう》」と「量《りょう》」

141ページの「料」と135ページの「量」はまちがえやすいので、注意しましょう。

◎「料」…もとになるもの。代金。

・原料・食料・入場料

◎「量」…大きさや重さ。

・重量・分量

二つの「阝」

139ページに「郡」、91ページに「陸」が出ています。

「郡」や「部・都」は「阝（おおざと）」で、漢字の右《みぎ》側《がわ》につきます。

「陸」や「院・階」は「阝（こざとへん）」で、漢字の左側につきます。

旗

なりたち
「㫃（はたが風になびく様子）」と「其（こく物をふるい分ける四角い道具）」を合わせた字。四角い形のはたを表す。

読み方	意味
キ はた	・はた

14画
旗 旗 旗 旗 旗 旗 旗 旗 旗 旗 旗 旗 旗 旗

練習
旗（とめる）
旗

❶「旗」を書きましょう。

学校の［校］［　］《こうき》。

外国の［国］［　］《こっき》。

［　］《はた》を立てる。

［小］［　］《こばた》をふる。

❷読みがなを書きましょう。

学校の校旗。（　　）

外国の国旗。（　　）

目印《めじるし》の旗を立てる。（　　）

小旗をふる。（　　）

静

なりたち
「青（ざつ音のないさま）」と「争（手で取り合う）」を合わせた字。取り合いをやめて動かないことから、しずかな様子を表す。

読み方	意味
セイ （ジョウ） しず・しずか しずまる しずめる	・じっとして動かない ・ひっそりしている

14画
静 静 静 静 静 静 静 静 静 静 静 静 静 静

練習
静（つき出す）
静

❶「静」を書きましょう。

［　］《しず》かな夜。

あらしが［　］《しず》まる。

［安］［　］《あんせい》にする。
（病人などが体を動かさずにしずかにする）

［　］［止］《せいし》する。

❷読みがなを書きましょう。

静かな夜。（　　）

あらしが静まる。（　　）

安静にする。（　　）

ぴたりと静止する。（　　）

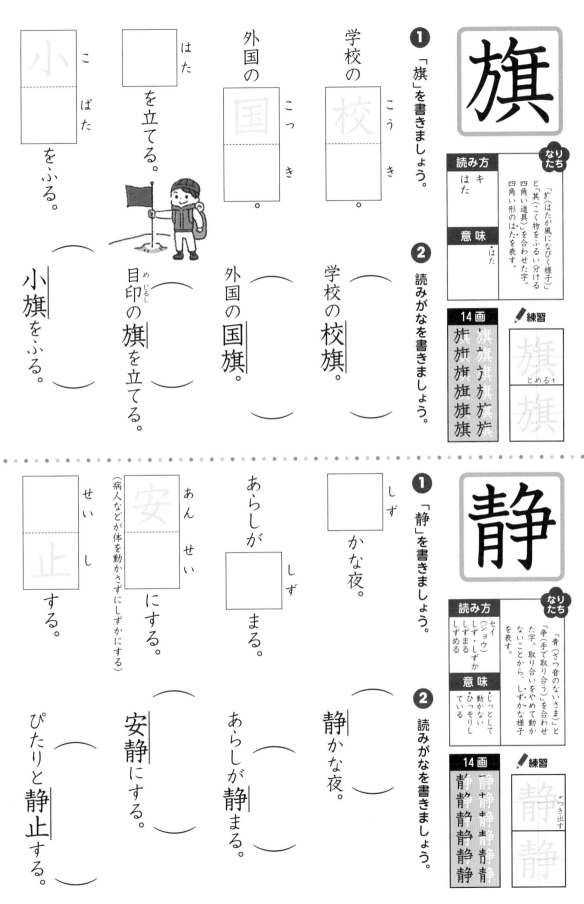

験

なりたち
もとの字は「驗」。「馬（うま）」と「僉（集めて調べる）」を合わせた字。もとは馬の名前だったが、後に、馬のよしあしをためすことを表した。

読み方
ケン
（ゲン）
―

意味
•実さいにやってみる

18画

練習
はねる

❶「験」を書きましょう。

試《し》□《けん》を受ける。

体《たい》□《けん》する。

理科の実《じっ》□《けん》。

経《けい》□《けん》を生かす。

❷ 読みがなを書きましょう。

試験を受ける。（　　）

山登りを体験する。（　　）

理科の実験。（　　）

経《けい》験を生かす。（　　）

競

なりたち
「音」は、もとは「言」でことばのこと。「儿」は人の形。二つの「竟」で、二人の人が言い争《あらそ》うことやきそい合うことを表す。

読み方
キョウ
ケイ
（きそう）
（せる）

意味
•力をくらべ合う

20画

練習
はねる↑

❶「競」を書きましょう。

早起きの□《きょう》争《そう》。

陸上《りくじょう》□《きょう》技《ぎ》場《じょう》。

百メートル□《きょう》走《そう》。

□《けい》馬《ば》場《じょう》。

❷ 読みがなを書きましょう。

早起きの競争。（　　）

市の陸上競技《ぎ》場。（　　）

百メートル競走。（　　）

広い競馬場。（　　）

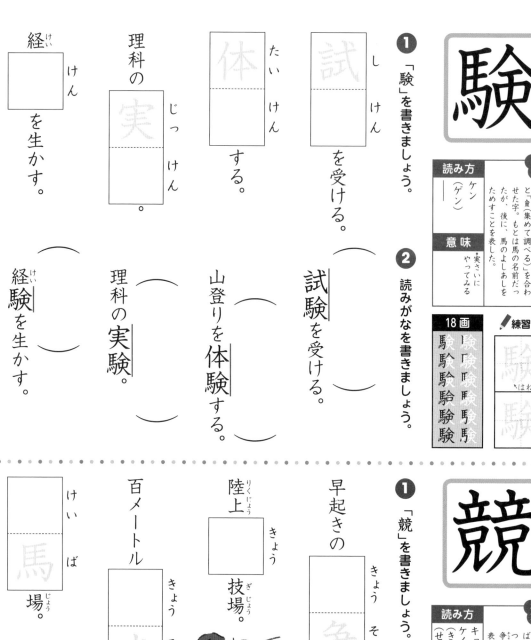

ドリル

点
1つ・5点

1 ―線の漢字の読みがなを書きましょう。

① 残念な結果。（　）
② 小旗をふる。（　）
③ 山登りの体験。（　）
④ 早起きの競争。（　）
⑤ 鳥の大群。（　）
⑥ 体を安静にする。（　）
⑦ 試験を受ける。（　）
⑧ 広い競馬場《じょう》。（　）
⑨ 国語辞典。（　）
⑩ 料理を作る。（　）

2 読みがなにあう漢字を書きましょう。

① ありが□《むら》がる。
② □□《ざいりょう》を選《えら》ぶ。
③ 理科の□□《じっけん》。
④ 外国の□□《こっき》。
⑤ □□《せいし》衛星《えいせい》。（ひとところにとまっている人工衛星）
⑥ 先生の□□《しゅくじ》。
⑦ 陸上《りくじょう》□《きょう》技《ぎ》。
⑧ 記録《きろく》を［　］《のこ》す。
⑨ □《はた》を立てる。
⑩ ［　］《しず》かな海。

まとめドリル

□点

1つ・4点

❶ 読みがなにあう漢字を書きましょう。

① □《ぐん》部《ぶ》。

② □《じ》童《どう》。

③ □《のこ》す。

④ □《む》れ。

⑤ 祝《しゅく》□《じ》。

⑥ □《この》み。

⑦ □《お》く。

⑧ 試《し》□《けん》。

⑨ □《まと》外《はず》れ。

⑩ □《のぞ》む。

⑪ □《へん》化《か》。

⑫ □《きょう》争《そう》。

⑬ 小《こ》□《ばた》。

⑭ 目《め》□《じるし》。

⑮ 点《てん》□《さ》。

❷ 読みがなにあう漢字を書きましょう。

① □□《ひつよう》な物。

② □□《ざいりょう》を買う。

③ □□《えひめ》県《けん》。

④ □□《いんさつ》の工場。

❸ 次のことばを漢字と送りがなで〔　〕に書きましょう。

① 〔　〕《もっとも》近い。

② 〔　〕《しずか》な海。

③ 〔　〕《つめたい》水。

④ むだを〔　〕《はぶく》。

⑤ 形を〔　〕《かえる》。

⑥ 重さを〔　〕《はかる》。

42 そのほかの漢字

不・井・欠・衣・包・争・兆・老・臣・参・関・固・良・建・飛・産・阜・鹿・街・香

二つに分かれる漢字では、上と下、右と左のほかに、次のような組み立てのものがあります。

園・固　辺・建　開・関　…街

また、二つに分けられない漢字もあります。

漢字	主な読み方
欠	ケツ かける かく
井	（セイ）（ショウ） い
不	フ ブ
包	ホウ つつむ
衣	イ （ころも）
争	ソウ あらそう
兆	チョウ （きざす）（きざし）
老	ロウ おいる （ふける）
臣	シン ジン
良	リョウ よい
固	コ かためる かたまる かたい
参	サン まいる
阜	フ
建	ケン （コン） たてる
香	（コウ）（キョウ） か・かおり かおる
飛	ヒ とぶ とばす
産	サン うむ （うぶ）
鹿	しか か
街	ガイ （カイ） まち
関	カン せき かかわる

不

読み方：フ ブ

意味：・〜でない

なりたち：ふくらんだ花のつぼみをえがいた字。口をふくらまして「フ」と打ち消しの発音をしたことから、「〜でない」を表す。

4画

練習（とめる）

❶ 「不」を書きましょう。

□《ふ》安《あん》になる。

□《ふ》足《そく》する。

□《ぶ》気《き》味《み》。

□《ぶ》細《さい》工《く》。

❷ 読みがなを書きましょう。

不安になる。（　　）

水が不足する。（　　）

不気味な音がする。（　　）

不細工な形。（　　）

井

なりたち
いどを上から見てわくの形を表した字。

4画
井 井 井 井

練習
井 井（はらう）

読み方
（セイ）（ショウ）
い

意味
•いど
•いどのわくの形

❶ 「井」を書きましょう。

古い□戸《いど》。

□福《ふくい》県《けん》の産業《さんぎょう》。

❷ 読みがなを書きましょう。

井戸で水をくむ。（　　　）

福井県に住む。（　　　）

欠

なりたち
体をくぼませた人をえがいた字。くぼむことから、足りない意味を表す。

4画
欠 欠 欠 欠

練習
欠 欠（右から）

読み方
ケツ
かける
かく

意味
•足りない

❶ 「欠」を書きましょう。

□席《けっせき》。

□点《けってん》。

月が□《か》ける。

❷ 読みがなを書きましょう。

欠席する。（　　　）

欠点を直す。（　　　）

月が欠ける。（　　　）

衣

なりたち
着物のえりの部分をえがいた字。体をおおう着物を表す。

6画
衣 衣 衣 衣 衣 衣

練習
衣 衣（はらう）

読み方
イ
（ころも）

意味
•きもの

❶ 「衣」を書きましょう。

□服《いふく》。

□類《いるい》。

□料品《いりょうひん》。

❷ 読みがなを書きましょう。

衣服の整理。（　　　）夏物の衣類。（　　　）

衣料品の売り場。（　　　）

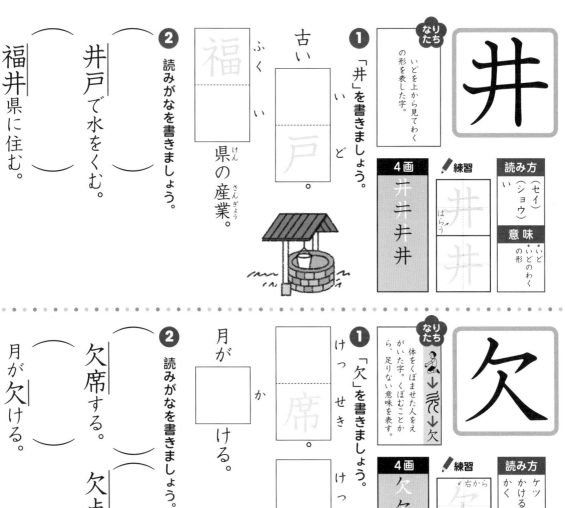

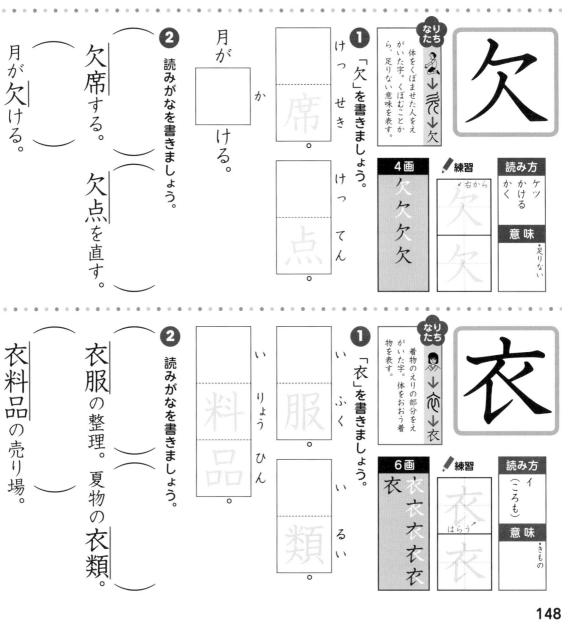

包

なりたち

（象形図）→（象形図）→包

母親のおなかにつつまれている赤ちゃんをえがいた字。つつみこむことを表す。

読み方	意味
ホウ つつむ	・おおいくるむ ・つつんだ物

5画

包

✏練習

包（はねる↑）

1 「包」を書きましょう。

ハンカチで□《つつ》む。

小《こ》□《づつみ》がとどく。

□《ほう》帯《たい》をまく。

□《ほう》囲《い》する。（とりかこむ）

2 読みがなを書きましょう。

ハンカチで包む。（　　）

小包がとどく。（　　）

うでに包帯をまく。（　　）

犯《はん》人《にん》を包囲《い》する。（　　）

争

なりたち

もとの字は「爭」。一つの物を両方から手で取り合う様子をえがいた字。あらそう意味を表す。

読み方	意味
ソウ あらそう	・あらそう

6画

争

✏練習

争（つき出す）

1 「争」を書きましょう。

戦《せん》□《そう》が終わる。

競《きょう》□《そう》する。

ゆう勝《しょう》を□《あらそ》う。

言《い》い□《あらそ》いをする。

2 読みがなを書きましょう。

戦争が終わる。（　　）

二人で競争する。（　　）

ゆう勝を争う。（　　）

言い争いをする。（　　）

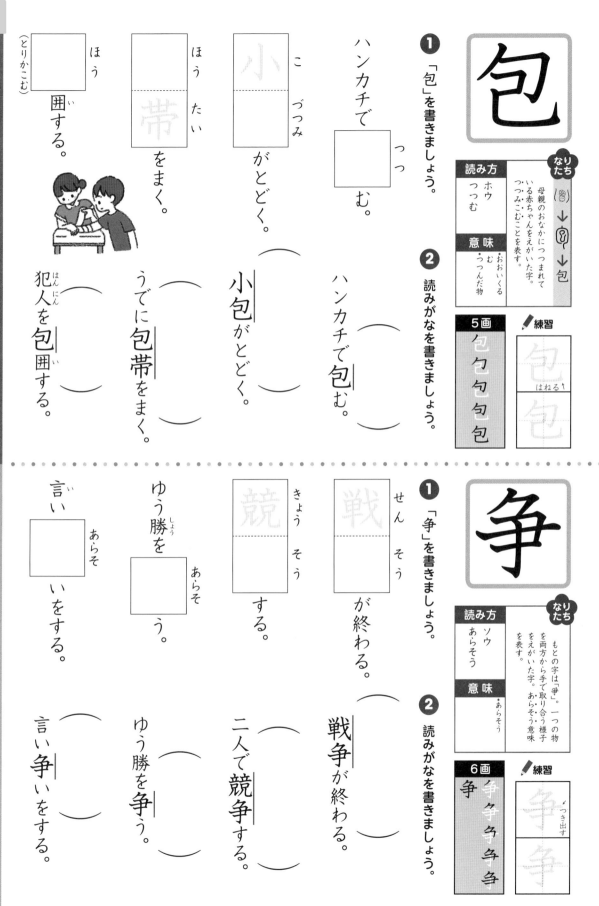

ドリル

点

1つ・5点

1 ―線の漢字の読みがなを書きましょう。

① 欠点を直す。（　　）

② 衣服の整理。（　　）

③ 不気味な音。（　　）

④ 言《い》い争いをする。（　　）

⑤ 小包がとどく。（　　）

⑥ 福井県《けん》の産業《さんぎょう》。（　　）

⑦ 水が不足する。（　　）

⑧ 茶わんが欠ける。（　　）

⑨ 包囲《い》する。（　　）

⑩ 二人で競争する。（　　）

2 読みがなにあう漢字を書きましょう。

① ［ふあん］な顔。

② ［いりょうひん］。

③ 悲しい［せんそう］。

④ 古い［いど］。

⑤ ［けっせき］する。

⑥ 月が［か］ける。

⑦ ［ほうたい］。

⑧ ゆう勝を［あらそ］う。

⑨ ［いるい］。

⑩ ハンカチで［つつ］む。

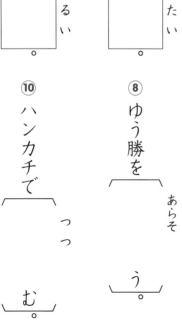

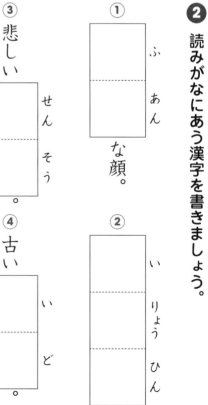

兆

読み方
チョウ
（きざす）
（きざし）

意味
•前ぶれ
•数のたんい

練習
とめる
はねる

6画

なりたち
かめのこうらや動物のほねに表れたわれ目をえがいた字。昔、このわれ目の形でうらないをしたので、前ぶれを表す。

1 「兆」を書きましょう。

一《いっ》〔ちょう〕円《えん》の予算。

あらしの〔前（ぜん）兆（ちょう）〕。
（あらしの前ぶれ）

2 読みがなを書きましょう。

一兆円の予算。（　）

あらしの前兆。（　）（　）

老

読み方
ロウ
おいる
（ふける）

意味
•年をとる、年をとった人

練習
はねる

6画

なりたち
かみの長い、腰《こし》の曲がった人がつえをついているすがたをえがいた字。

1 「老」を書きましょう。

〔ろう人（じん）〕。

〔ろう化（か）〕。
（古くなって、いたみがひどくなること）

〔お〕いた犬。

2 読みがなを書きましょう。

老人会《かい》。（　）（　）

橋の老化。（　）（　）

老いた犬の世話。（　）

臣

読み方
シン
ジン
—

意味
•けらい

練習
おる

7画

なりたち
下を見る目をえがいた字。主君の前で、頭を下げてじっとかしこまっている家来《けらい》を表す。

1 「臣」を書きましょう。

総理《そうり》〔大（だい）じん〕。

との様の〔家（か）しん〕。
（との様の家来）

2 読みがなを書きましょう。

総理《そうり》大臣が演説《えんぜつ》する。（　）（　）

との様の家臣。（　）（　）

参

なりたち もとの字は「參」。女の人が三つの玉のかんざしをつけたすがたを表した字から、数の「3」を表すようになった。

8画 参の筆順

練習 つき出す

読み方 サン／まいる

意味 ・なかまに入る ・寺や神社に行く

❶「参」を書きましょう。

さんか □加。

さんこう □考。

神社に □《まい》る。

❷ 読みがなを書きましょう。

参加人数。（　　）

参考にする。（　　）

お寺に参る。（　　）

関

なりたち もとの字は「關」。左右のとびらにかんぬきを通し、しめた門を表した字。

14画 関の筆順

練習 とめる

読み方 カン／せき／かかわる

意味 ・かかわる ・せき所 ・仕組み

❶「関」を書きましょう。

かんけい □係。

せきしょ □所。

命に □《かか》わる仕事。

❷ 読みがなを書きましょう。

親子関係。（　　）

箱根《はこね》の関所。（　　）

命に関わる仕事。（　　）

固

なりたち 「囗（かこい）」と「古（ふるくなってかたいがいこつ）」を合わせ、まわりをかたくかこまれ、かたくなることを表す。

8画 固の筆順

練習

読み方 コ／かためる／かたまる／かたい

意味 ・しっかりしている ・かためる

❶「固」を書きましょう。

こてい □定する。

土を □《かた》める。

❷ 読みがなを書きましょう。

台に固定する。（　　）

土を固める。（　　）

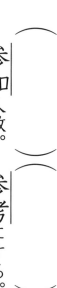

ドリル

1つ・5点　点

1 ──線の漢字の読みがなを書きましょう。

① 一兆《いっ》円《えん》の予算。（　　）

② 固い約束《やくそく》。（　　）

③ 老人の世話。（　　）

④ 参考にする。（　　）

⑤ 命に関わる。（　　）

⑥ 総理《そうり》大臣。（　　）

⑦ 神社に参る。（　　）

⑧ あらしの前兆。（　　）

⑨ 関所をこえる。（　　）

⑩ 老いた犬。（　　）

2 読みがなにあう漢字を書きましょう。

① 親子［かんけい］。

② 一［ちょう］円。

③ 外務《がいむ》［だいじん］。

④ ［ろうじん］会。

⑤ ［さんか］人数。

⑥ 箱根《はこね》の［せきしょ］。

⑦ ［こてい］する。

⑧ 雪を［かた］める。

⑨ 王様の［かしん］。

⑩ お寺に［まい］る。

良

なりたち
米つぶをきれいに水であらいする様子を表した字。きれいでしつがよいことから、よいという意味になった。

読み方	意味
リョウ よい	・すぐれている

7画　良 良 良 良 良 良 良

練習　良 良（はらう）

1 「良」を書きましょう。

改□《かいりょう》する。

消化不□《ふりょう》。（消化できていないこと）

仲□《なかよ》し。

□《よ》い成績《せいせき》。

2 読みがなを書きましょう。

機械《きかい》を改良（　　）する。

消化不良（　　）になる。

仲良（　　）しの友達《ともだち》。

良（　　）い成績《せいせき》。

建

なりたち
「廴（まっすぐ進む）」と「聿（筆を立てて持つ様子）」を合わせた字。体をまっすぐに立てて歩くことから、ものをまっすぐ立てることを表す。

読み方	意味
ケン （コン） たてる たつ	・家などを新しくつくる

9画　建 建 建 建 建 建 建 建 建

練習　建 建（つき出す）

1 「建」を書きましょう。

ビルを□《けん》設《せつ》する。

古い□《けん》築《ちく》物《ぶつ》。

高い□物《たてもの》。

校舎《こうしゃ》を□《た》てる。

2 読みがなを書きましょう。

ビルを建（　　）設《せつ》する。

古い建（　　）築《ちく》物。

高い建物（　　）が見える。

校舎《こうしゃ》を建（　　）てる。

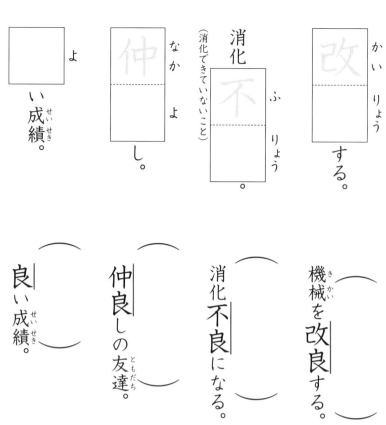

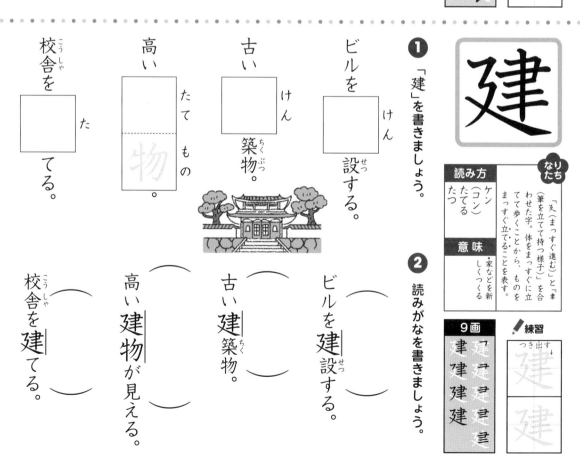

飛

なりたち

鳥が羽を左右に広げて、とび上がるすがたをえがいた字。

読み方：ヒ　とぶ　とばす

意味：・空をとぶ　・とびこえる

9画

練習　はねる↑

1 「飛」を書きましょう。

鳥が空を□《と》ぶ。

はとを□《と》ばす。

□《ひ》行《こう》機《き》。

□《ひ》やくする。（高くとび上がる）

2 読みがなを書きましょう。

鳥が空を飛ぶ。（　　）

はとを飛ばす。（　　）

飛行機に乗る。（　　）

大きく飛やくする。（　　）

産

なりたち

もとの字は「產」。「文（もよう）」と「厂（がけ）」と「生（草が生まれる）」を合わせた字。もとになるものからはっきりとうまれることを表す。

読み方：サン　うむ　うまれる　（うぶ）

意味：・ものを作り出す　・子をうむ

11画

練習　はらう↘

1 「産」を書きましょう。

米を生《せい》□《さん》する。

□《さん》業《ぎょう》の発達《はったつ》。

子犬が□《う》まれる。

たまごを□《う》む。

2 読みがなを書きましょう。

米を生産する。（　　）

産業の発達。（　　）

子犬が産まれる。（　　）

たまごを産む。（　　）

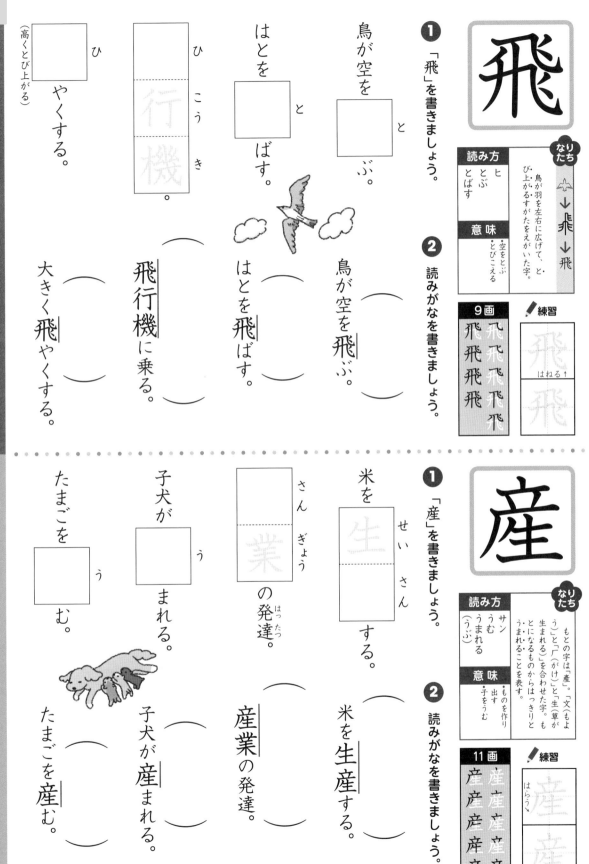

ドリル

□点
1つ・5点

1 ―線の漢字の読みがなを書きましょう。

① はとを飛ばす。（　　）

② 子犬が産まれる。（　　）

③ 高いビルが建つ。（　　）

④ 米を生産する。（　　）

⑤ 消化不良。（　　）

⑥ 高い建物。（　　）

⑦ 飛行船を見る。（　　）

⑧ 飛やくの年。（　　）

⑨ 仲が良い二人。（　　）

⑩ ビルを建設《せつ》する。（　　）

2 読みがなにあう漢字を書きましょう。

① 機械《きかい》の□□《かいりょう》。

② 米の□□《せいさん》。

③ □□《さんぎょう》の発達《はったつ》。

④ □□《なかよ》しの人。

⑤ 校舎《こうしゃ》の□《けん》設《せつ》。

⑥ □《ひ》やくする。

⑦ □心的《りょうしんてき》。

⑧ 空を〔　〕《と》ぶ。

⑨ □□□《ひこうき》。

⑩ 家を〔　〕《た》てる。

そのほかの漢字 ▼ 阜 鹿

阜

読み方

フ

意味

•小高く、ふくらんだ所

なりたち

「𠂤(土をもってできた小山)」と「十(集める)」を合わせた字。おかの意味を表す。

8画

阜 阜 阜 阜 阜 阜 阜 阜

練習

阜 阜（あける）

1 「阜」を書きましょう。

岐[　]《ぎふ》県《けん》に行く。

※「ぎふ」はとくべつな読み。

岐[　]《ぎふ》城《じょう》。

岐[　]《ぎふ》市《し》の人口。

岐[　]《ぎふ》の山。

2 読みがなを書きましょう。

岐阜（　　）県の人口。

岐阜（　　）城《じょう》の見学。

岐阜（　　）市に住む。

岐阜（　　）に旅行する。

鹿

読み方

しか
か

意味

•動物のしか

なりたち

角のあるしかの形を表した字。しかの意味を表す。

11画

鹿 鹿 鹿 鹿 鹿 鹿 鹿 鹿 鹿 鹿 鹿

練習

鹿 鹿（はねる）

1 「鹿」を書きましょう。

[　]《しか》の角。

野生の[　]《しか》。

[　][児][島]《かごしま》県《けん》。

※「かごしま」はとくべつな読み。

[　][児][島]《かごしま》市《し》。

2 読みがなを書きましょう。

りっぱな鹿（　　）の角。

野生の鹿（　　）がいる。

鹿児島（　　）県に行く。

鹿児島（　　）の自然《しぜん》。

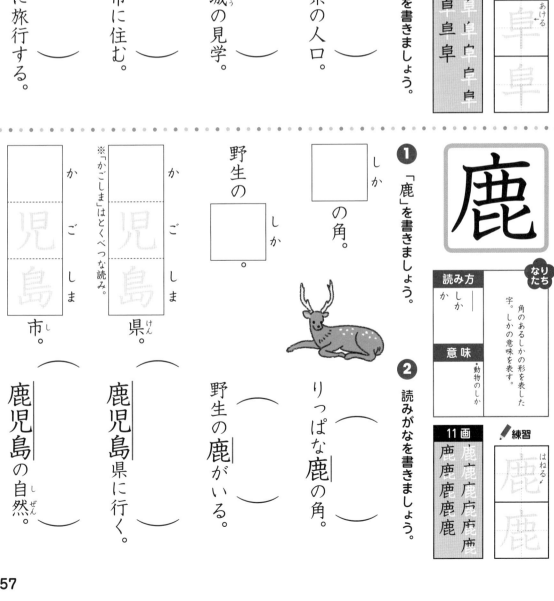

街

なりたち
「行（大きな道の四つ角）」と「圭（きちんともり上げた土）」を合わせた字。きちんと区切りをつけたまちなみや、まちを区切る大きな道を表す。

読み方
ガイ
（カイ）
まち

意味
・家がたってにぎやかな所
・大きな通り

12画
街 街 街 街 街 街 街 街 街 街

練習
街（はねる）
街

❶ 「街」を書きましょう。

商《しょう》店《てん》□《がい》。

市《し》□《がい》地《ち》を通る。（店が多くてにぎやかな所を通る）

学生の□《まち》。

□《まち》角《かど》で会う。

❷ 読みがなを書きましょう。

商店街を歩く。（　　）

市街地を通る。（　　）

古い学生の街。（　　）

街角で姉に会う。（　　）

香

なりたち
「禾（あわ・きびなどが実ってほをたれたすがた）」と「甘（うまい）」を合わせた字。

読み方
（コウ）
（キョウ）
か・かおり
かおる

意味
・よいにおい

9画
香 香 香 香 香 香 香 香 香

練習
香（はらう）
香

❶ 「香」を書きましょう。

□《かお》りがただよう。

花が□《かお》る。

梅《うめ》の□《か》。

□《か》川《がわ》県《けん》。

❷ 読みがなを書きましょう。

香りがただよう。（　　）

花が香る。（　　）

梅の香。（　　）

香川県のうどん。（　　）

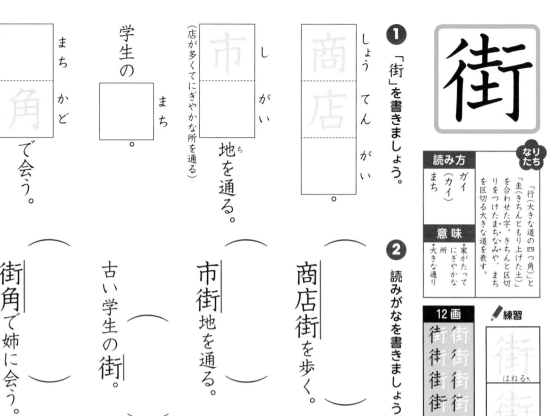

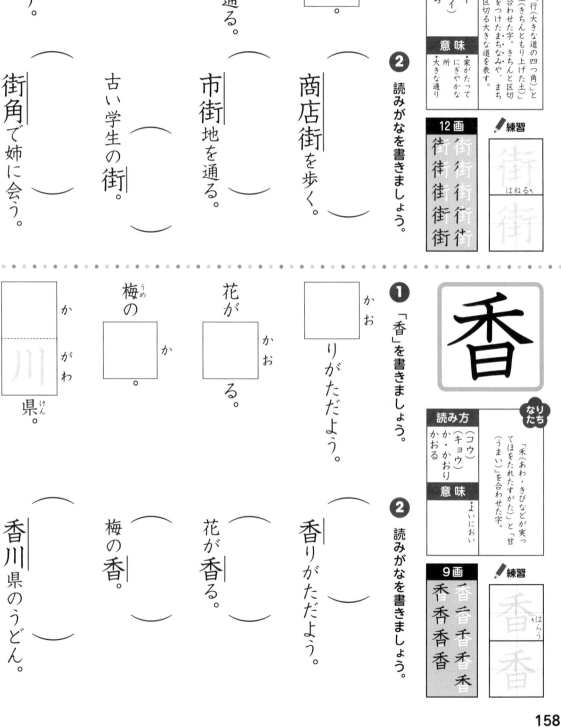

ドリル

1つ・5点　　点

1 ――線の漢字の読みがなを書きましょう。

① 鹿のいる公園。（　　）

② 街角で会う。（　　）

③ 香川県《けん》の人口。（　　）

④ 岐阜の名所。（　　）

⑤ 梅《うめ》の香がただよう。（　　）

⑥ 市街地に住む。（　　）

⑦ 岐阜県。（　　）

⑧ 鹿児島県。（　　）

⑨ かすかな香り。（　　）

⑩ 商店街の店。（　　）

2 読みがなにあう漢字を書きましょう。

① □□（ぎふ）城《じょう》の絵。

② 学生の□（まち）。

③ 梅《うめ》の□（か）。

④ □□（かがわ）県。

⑤ □□□（かごしま）。

⑥ 商店□（がい）を歩く。

⑦ □□（ぎふ）市《し》。

⑧ 大きな角の□（しか）。

⑨ □□（しがい）地。

⑩ 花が［　　］（かお）る。

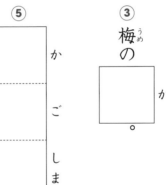

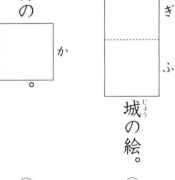

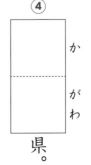

まとめドリル

点

1つ・5点

❶ 読みがなにあう漢字を書きましょう。

① 岐《ぎ》□《ふ》県《けん》。

② 親子□《かん》係《けい》。

③ 仲《なか》が□《よ》い。

④ □《ふ》足《そく》する。

⑤ 空を□《と》ぶ。

⑥ 花の□《かお》り。

⑦ 商店《しょうてん》□《がい》。

⑧ 年《とし》□《お》いた犬。

⑨ 一《いっ》□《ちょう》円《えん》。

⑩ 角のある□《しか》。

❷ 読みがなにあう漢字を書きましょう。

① 白い□《たて》□《もの》。

② 冬物の□《い》□《るい》。

③ 古い□《い》□《ど》。

④ 総理《そうり》□《だい》□《じん》。

⑤ 機械《きかい》□《さん》□《ぎょう》。

⑥ □《せん》□《そう》が終わる。

❸ 次のことばを漢字と送りがなで〔　〕に書きましょう。

① 月が〔　　〕《かける》。

② お寺に〔　　〕《まいる》。

③ 紙に〔　　〕《つつむ》。

④ 土を〔　　〕《かためる》。

43 同じ部分をもつ漢字

魚 → 漁
各 → 客

上の漢字を見て、何か気づいたことはありませんか。
そうです。「漁」の字には「魚」が、「客」の字には「各」という字が入っています。
このような漢字をほかにもさがして、よく見くらべてみましょう。

生 → 星・産
直 → 植・置
反 → 坂・板・飯・返

入る位置《いち》によって、形が少しちがっているよ。

◆ □の部分をえん筆でなぞりましょう。

中 ― 仲《なか》が良《よ》い。

才 ― 作文の材《ざい》料《りょう》。

化 ― 貨《か》物《もつ》列車。

式 ― 試《し》合《あい》が始まる。

売 ― 話の続《つづ》き。

昔 ― 本を借《か》りる。

走 ― 生《せい》徒《と》手帳。

意 ― 二《に》億《おく》年《ねん》前。

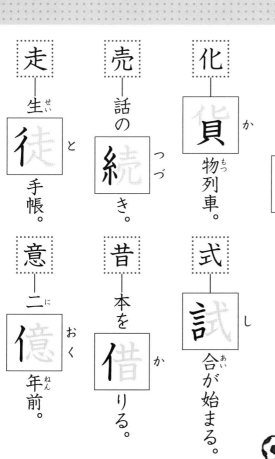

ドリル①

□点
1つ・5点

1 ⬚の部分をもつ漢字を書きましょう。

① 合 — 貝を□《ひろ》う。学校の□《きゅう》食《しょく》。

② 台 — 読み□《はじ》める。けがが□《なお》る。

③ 生 — 夏の□《せい》座《ざ》。地いきの□《さん》業《ぎょう》。

④ 里 — □《どう》話《わ》を読む。ごみの□《りょう》。

⑤ 古 — □《く》労《ろう》する。土を□《かた》める。

2 同じ部分をもつ漢字を書きましょう。

① □《かく》地《ち》の天気。——電車の乗《じょう》□《きゃく》。

② 池の□《しゅう》囲《い》。——一《いっ》□《しゅう》間《かん》前。

③ 広い倉《そう》□《こ》。——□《れん》続《ぞく》する。

④ 夏の□《まつ》り。——植物の観《かん》□《さつ》。

⑤ 二《に》□《れつ》にならぶ。——□《れい》をあげる。

ドリル②

点

1つ・5点

❶ □の部分をもつ漢字を書きましょう。

① 反

急な□《さか》道《みち》。ゆか□《いた》をふく。

朝ご□《はん》。ひっくり□《かえ》す。

② 寺

友達《ともだち》を□《ま》つ。荷物を□《も》つ。

二《に》□《じ》間《かん》。□《とく》別《べつ》にあつかう。

一《いっ》□《とう》賞《しょう》。□《し》を読む。

❷ 同じ部分をもつ漢字を書きましょう。

① 赤い金《きん》□《ぎょ》。—□《ぎょ》業《ぎょう》の仕事。

② □《しょう》和《わ》生まれ。—明るく□《て》らす。

③ 体を□《うご》かす。—工場で□《はたら》く。

④ ねだんが□《やす》い。—部屋《へや》に□《あん》内《ない》する。

⑤ 身近な□《しょく》物《ぶつ》。—つくえを□《お》く。

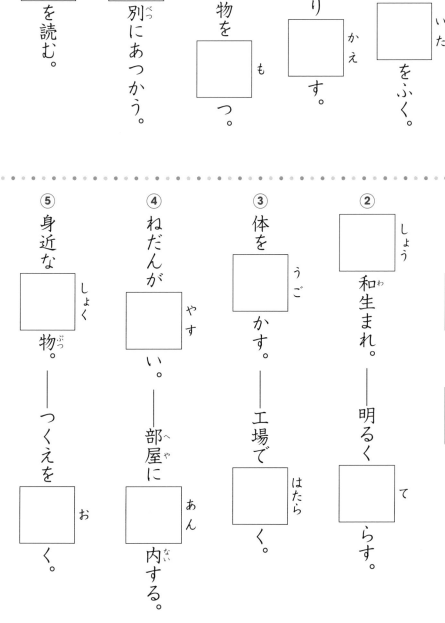

ドリル③

□点
1つ・5点

❶ □の部分をもつ漢字を書きましょう。

① 官
水道《すいどう》□《かん》。図書《としょ》□《かん》。

② 直
木を□《う》える。荷物を□《お》く。

③ 青
□《きよ》い流れ。□《しず》かな夜。

④ 己
日《にっ》□《き》帳《ちょう》。□《かい》良《りょう》した機械《きかい》。
早く□《お》きる。新聞□《はい》達《たつ》。

❷ 同じ部分をもつ漢字を書きましょう。

① 駅の□《ふ》近《きん》。
四十七都道《とどう》□《ふ》県《けん》。

② 犬に命《めい》□《れい》する。
□《れい》ぞう庫《こ》に入れる。

③ 試合《しあい》の結《けっ》□《か》。
放《ほう》□《か》後《ご》の教室。

④ 古い□《たて》物《もの》。
□《けん》康《こう》によい食べ物。

⑤ 投《とう》□《ひょう》用紙。
今年《ことし》の目《もく》□《ひょう》。

44 形がにている漢字

天　夫　失　矢

今　令

礼　札

上の漢字を見てみましょう。よくにていますね。横画の長さや、つき出すかつき出さないか、また「ノ」の画があるかないかに注意してみると、それぞれのちがいがはっきりします。

このように形がにている漢字は、書きまちがえやすいものです。それぞれの漢字の意味や使い方のちがいをとらえ、区《く》別《べつ》して覚《おぼ》えましょう。ほかの漢字もさがして、見てみましょう。

「へ」の中の
「ラ」と「ㇰ」のちがい、
左の部分の
「ネ」と「木」のちがい
に注意しよう！

◆ 上と下の漢字で、ちがうところをえん筆でなぞりましょう。

① 図書委《い》員《いん》の仕事。――寒い季《き》節《せつ》。

② 得《とく》意《い》な科《か》目《もく》。――好《す》きな料《りょう》理《り》。

③ よく考《かんが》える。――老《ろう》人《じん》をいたわる。

④ 浅《あさ》いプール。――給食《きゅうしょく》を残《のこ》す。

⑤ 低《ひく》い土地。――コップの底《そこ》。

答え　①女―子　②禾―米　③丂―匕　④氵―歹　⑤亻―广

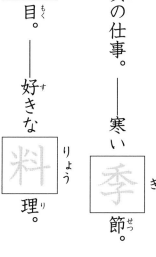

ドリル

□点
1つ・5点

1 たりない部分を書きたして、正しい漢字にしましょう。

① ボールを扌《う》つ。――二つに扌《お》る。

② はさみを亻《つか》う。――亻《べん》利《り》な道具。

③ 学級の系《かかり》。――子《し》系《そん》はん栄《えい》。

④ 录《みどり》の葉。――観《かん》察《さつ》の記《き》录《ろく》。

2 形に気をつけて、漢字を書きましょう。

① □《し》名《めい》を書く。――市《し》□《みん》のためのしせつ。

② けい察《さつ》□《かん》。――近くのお□《みや》。

③ 今月の□《すえ》。――□《み》来《らい》の社会。

④ 方言と□《きょう》通《つう》語《ご》。――外国の□《へい》隊《たい》。

⑤ かん□《たん》な作業。――鳥の□《す》。

⑥ □《う》け取る。――人を□《あい》する。

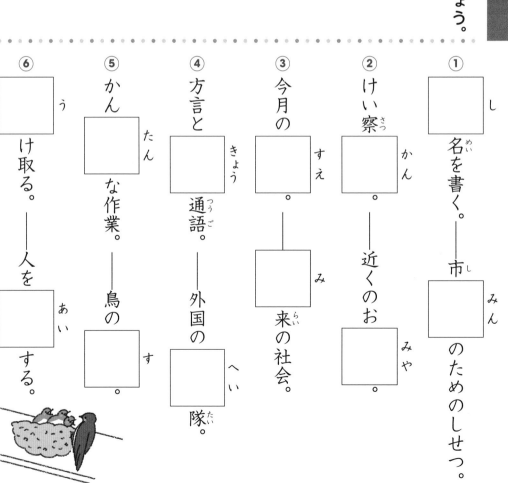

45 同じ読み方の漢字

次の――の読み方の漢字を考えてみましょう。

・**家がかん成《せい》する。**

「かん」という読み方の漢字は、たくさんあります。これまでに、「完・官・間・寒・感・漢・管・関・館・観」を習っているので、「かん成」ということばから、「完」が当てはまることがわかります。

・**赤ちゃんがなく。**

「なく」には、「鳴く」と、「泣く」があります。動物や鳥や虫が声を出すときは「鳴く」で、人の場合は「泣く」のように使い分けます。注意して覚《おぼ》えましょう。

◆ **――線のことばを正しい漢字で書き表したほうに、〇をつけましょう。**

① 文章をいんさつする。
（　）印刷　（　）印察

② 会のしかいを選《えら》ぶ。
（　）試会　（　）司会

③ せんそうが終わる。
（　）戦争　（　）戦倉

④ ふあんな気持ちになる。
（　）不安　（　）夫安

⑤ たりょうの水が流れる。
（　）多料　（　）多量

答え　①印刷　②司会　③戦争　④不安　⑤多量　に〇

ドリル①

□点
❶1つ・10点
❷1つ・5点

❶ 文に当てはまる漢字のほうに、○をつけましょう。

① 百人｛（　）以／（　）位｝上《じょう》の人。

② ｛（　）栄／（　）英｝語《ご》を話す。

③ みんなで｛（　）共／（　）協｝力《りょく》して作る。

④ ｛（　）児／（　）辞｝童《どう》会《かい》の役員を決める。

⑤ 絵をかくのに苦《く》｛（　）老／（　）労｝する。

❷ □に当てはまる漢字を、〔　〕から選んで書きましょう。

① 〔候・康〕…冬の気《き》□《こう》。健《けん》□《こう》しんだん。

② 〔低・底〕…海《かい》□《てい》調《ちょう》査《さ》。土地の高《こう》□《てい》。

③ 〔照・唱〕…□《しょう》明《めい》。全員で合《がっ》□《しょう》する。

④ 〔加・果／貨・課〕
□《か》物《もつ》列車。原料《げんりょう》の□《か》工《こう》。
放《ほう》□《か》後《ご》。実験《じっけん》の結《けっ》□《か》。

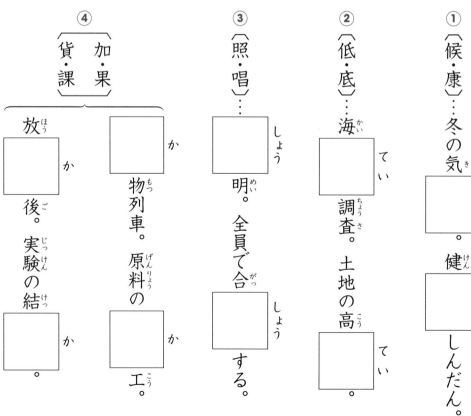

ドリル②

点
1つ・5点

1 □に当てはまる漢字を、〔　〕から選《えら》んで書きましょう。

① 〔菜・最〕…□《さい》後《ご》の人。野《や》□《さい》サラダ。

② 〔要・養〕…栄《えい》□《よう》をとる。必《ひつ》□《よう》な道具。

③ 〔特・徳〕…□《とく》別《べつ》な日。道《どう》□《とく》の時間。

④ 〔成・省　清・静〕

□《せい》けつにする。反《はん》□《せい》する。

失《しっ》敗《ぱい》と□《せい》功《こう》。安《あん》□《せい》にする。

2 ――線のように読む漢字を書きましょう。

① <u>カン</u>　□係《けい》すること。植物の□察《さつ》。

② <u>サン</u>　会に□加《か》する。公園を□歩《ぽ》する。

③ <u>セキ</u>　すぐ着《ちゃく》□する。四角形の面《めん》□。

④ <u>セツ</u>　使い方の□明《めい》。暑い季《き》□。

⑤ <u>レイ</u>　算数の□題《だい》。□ぞう庫《こ》に入れる。

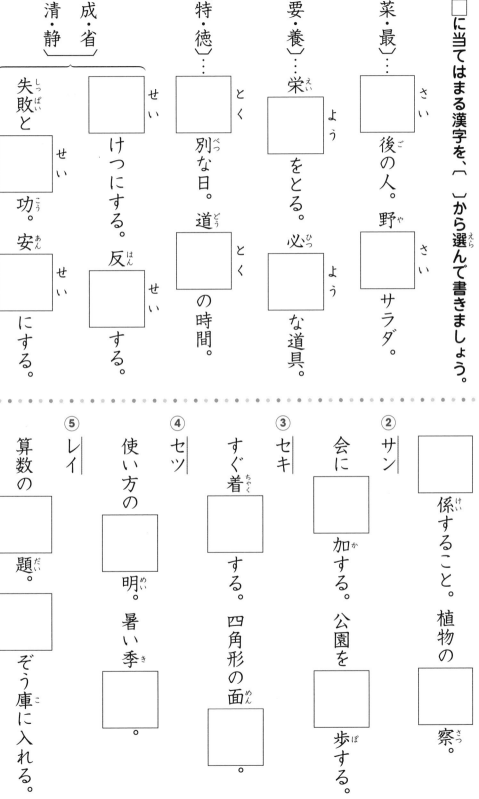

ドリル③

□点
1つ・5点

1 □に当てはまる漢字を、〔　〕から選《えら》んで書きましょう。

① 〔泣・鳴〕…鳥が□《な》く。子どもが□《な》く。

② 〔回・周〕…池の□《まわ》り。身の□《まわ》り。

③ 〔上・挙〕…起き□《あ》がる。式を□《あ》げる。

④ 〔付・着〕…ごみが□《つ》く。岸に□《つ》く。

⑤ 〔指・差〕…本を□《さ》し出す。北を□《さ》す。

2 ――線のように読む漢字を書きましょう。

① あつい
夏の□い日。□いお茶を飲む。

② はじめ
仕事□めの日。文章の□めの部分。

③ なおす
文を書き□す。けがを□す。

④ かわる（かわり）
父の□わり。場面が□わる。

⑤ さめる
目が□める。料理《りょうり》が□める。

46 都道府県名《とどうふけん》の漢字

都道府県名《とどうふけん》の漢字をかくにんしましょう。
（＊は特別《とくべつ》な読み。）

北海道地方《ほっかいどうちほう》

① 北海道《ほっかいどう》

東北地方《とうほくちほう》

② 青森《あおもり》県《けん》
③ 岩手《いわて》県《けん》
④ 宮城《みやぎ》＊県《けん》
⑤ 秋田《あきた》県《けん》
⑥ 山形《やまがた》県《けん》
⑦ 福島《ふくしま》県《けん》

中国地方《ちゅうごくちほう》

㉛ 鳥取《とっとり》＊県《けん》
㉜ 島根《しまね》県《けん》
㉝ 岡山《おかやま》県《けん》
㉞ 広島《ひろしま》県《けん》
㉟ 山口《やまぐち》県《けん》

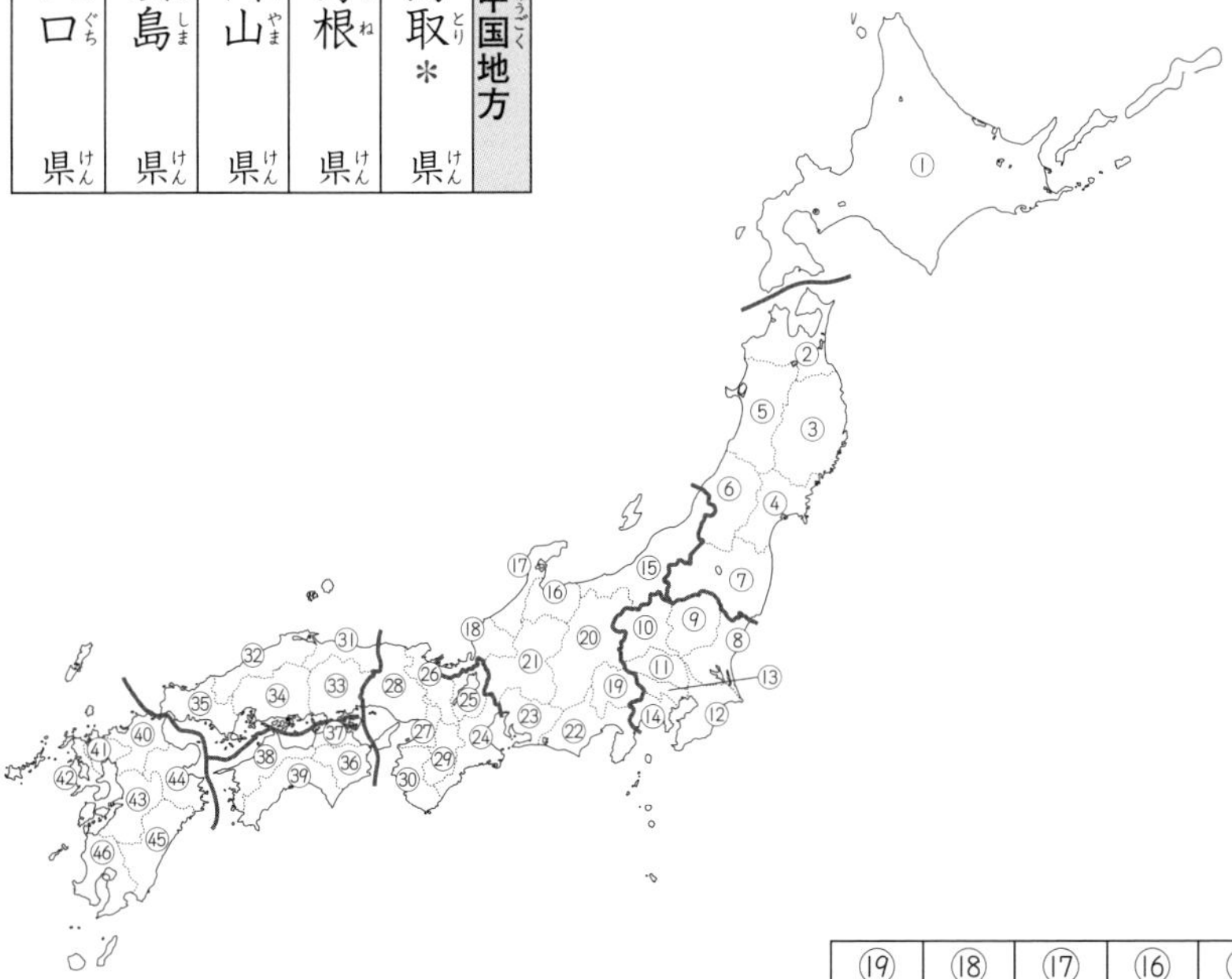

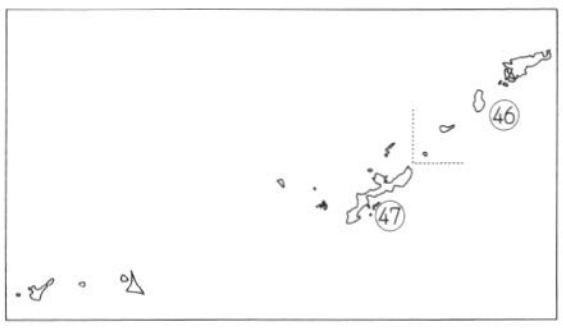

中部地方《ちゅうぶちほう》

⑮ 新潟《にいがた》県《けん》
⑯ 富山《とやま》＊県《けん》
⑰ 石川《いしかわ》県《けん》
⑱ 福井《ふくい》県《けん》
⑲ 山梨《やまなし》県《けん》
⑳ 長野《ながの》県《けん》
㉑ 岐阜《ぎふ》＊県《けん》
㉒ 静岡《しずおか》県《けん》
㉓ 愛知《あいち》県《けん》

四国地方《しこくちほう》

㊱ 徳島《とくしま》県《けん》
㊲ 香川《かがわ》県《けん》
㊳ 愛媛《えひめ》＊県《けん》
㊴ 高知《こうち》県《けん》

関東地方《かんとうちほう》

⑧ 茨城《いばらき》＊県《けん》
⑨ 栃木《とちぎ》県《けん》
⑩ 群馬《ぐんま》県《けん》
⑪ 埼玉《さいたま》県《けん》
⑫ 千葉《ちば》県《けん》
⑬ 東京《とうきょう》都《と》
⑭ 神奈川《かながわ》＊県《けん》

九州地方《きゅうしゅうちほう》

㊵ 福岡《ふくおか》県《けん》
㊶ 佐賀《さが》県《けん》
㊷ 長崎《ながさき》県《けん》
㊸ 熊本《くまもと》県《けん》
㊹ 大分《おおいた》＊県《けん》
㊺ 宮崎《みやざき》県《けん》
㊻ 鹿児島《かごしま》＊県《けん》
㊼ 沖縄《おきなわ》県《けん》

近畿地方《きんきちほう》

㉔ 三重《みえ》県《けん》
㉕ 滋賀《しが》＊県《けん》
㉖ 京都《きょうと》府《ふ》
㉗ 大阪《おおさか》＊府《ふ》
㉘ 兵庫《ひょうご》県《けん》
㉙ 奈良《なら》＊県《けん》
㉚ 和歌山《わかやま》県《けん》

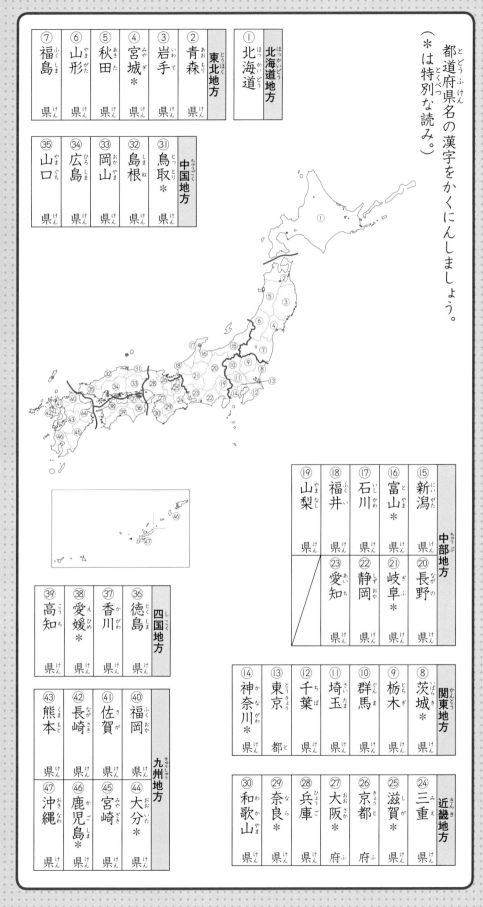

ドリル

点

1つ・4点

◆都《と》道《どう》府《ふ》県《けん》名の漢字を書きましょう。

① 新《にい》□《がた》県《けん》。 □□《ふくい》県。

② 青《あお》□《もり》県。 □《いわ》手《て》県。 福《ふく》□《しま》県。

③ □□《いばらき》県。 □《さい》玉《たま》県。

④ □□《とっとり》県。 □《おか》山《やま》県。

⑤ □□《しが》県。 □□《おおさか》府《ふ》。

⑥ □□《さが》県。 長《なが》□《さき》県。

⑦ □《とち》木《ぎ》県。 □□《ぐんま》県。

⑧ □《ほっ》海《かい》道《どう》。 □□《みやぎ》県。

⑨ 山《やま》□《なし》県。 □□《ぎふ》県。

⑩ □《くま》本《もと》県。 □□《おおいた》県。

⑪ □《か》川《がわ》県。 □□《えひめ》県。

⑫ □□《ひょうご》県。 □□《なら》県。

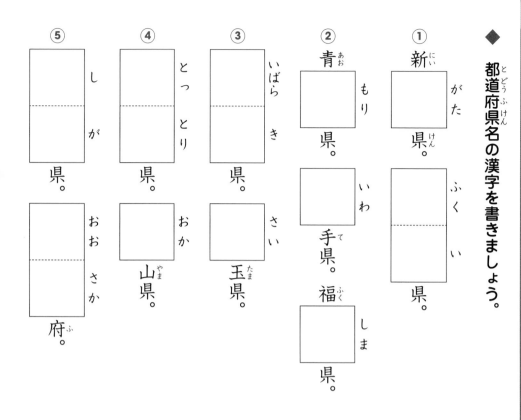

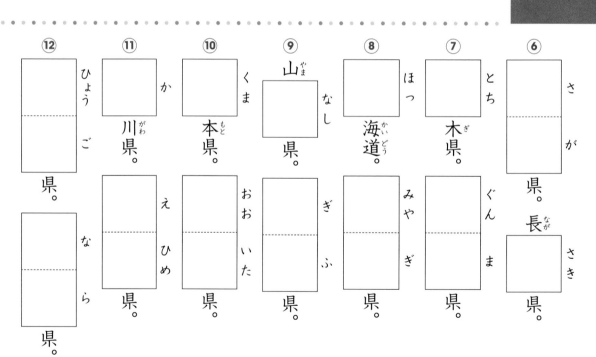

答え

「ドリル」「まとめドリル」の答えです。

1 「糸」のつく漢字

8ページ ドリル

❶ ①ようやく ②げっきゅう ③なわ ④つづ ⑤せつやく ⑥けつまつ ⑦なわ ⑧ぞく ⑨きゅうしょく ⑩むす

❷ ①給食 ②連続 ③約 ④給料 ⑤結果 ⑥縄 ⑦約束 ⑧続 ⑨沖縄 ⑩結

2 「言」のつく漢字

12ページ ドリル

❶ ①くん ②しけん ③ぎちょう ④せつ ⑤にっか ⑥ほうかご ⑦と ⑧ふしぎ ⑨こころ ⑩きょうくん

❷ ①説明 ②伝説 ③訓練 ④議長 ⑤試合 ⑥課題 ⑦訓 ⑧放課後 ⑨会議 ⑩試

3 「水・氵」のつく漢字

16ページ ドリル

❶ ①な ②おき ③あさ ④めいじ ⑤もと ⑥な ⑦ほうほう ⑧あさ ⑨おさ ⑩ついきゅう

❷ ①泣 ②沖 ③方法 ④浅 ⑤治 ⑥求 ⑦遠浅 ⑧泣 ⑨要求 ⑩治

19ページ ドリル

❶ ①まんぞく ②あ ③しが ④かいすいよく ⑤み ⑥たいりょう ⑦きよ ⑧せい ⑨ぎょこう ⑩にいがた

❷ ①満員 ②漁業 ③清書 ④海水浴 ⑤漁 ⑥清 ⑦滋賀 ⑧浴 ⑨新潟 ⑩満

20ページ まとめドリル

❶ ①浴 ②約 ③泣 ④法 ⑤試 ⑥訓 ⑦課 ⑧滋 ⑨潟 ⑩議

❷ ①満員 ②説明 ③給食 ④沖縄

❸ ①浅い ②求める ③治める ④清らか ⑤続く ⑥結ぶ

4 「人・亻・𠆢」のつく漢字

24ページ ドリル

❶ ①なかよ ②つ ③ふろく ④じしん ⑤しんよう ⑥いち ⑦つた ⑧れいだい ⑨くらい ⑩でんき

❷ ①位 ②仲 ③信号 ④自信 ⑤付近 ⑥例 ⑦仲間 ⑧付 ⑨位置 ⑩伝

28ページ ドリル

❶ ①はたら ②たよ ③こうてい ④か ⑤こう ⑥ろうどう ⑦ふべん ⑧けんこう ⑨ひく ⑩てんこう

❷ ①健 ②借金 ③便 ④最低 ⑤気候 ⑥借 ⑦健康 ⑧低 ⑨便利 ⑩働

31ページ ドリル

❶ ①がわ ②ごうれい ③そくめん ④さ ⑤おくまん ⑥そうこ ⑦でんれい ⑧いか ⑨さ ⑩こめぐら

❷ ①億 ②右側 ③倉 ④以上 ⑤命令 ⑥側面 ⑦佐賀 ⑧倉庫 ⑨億万 ⑩以内

32ページ まとめドリル

❶ ①仲 ②側 ③位 ④佐 ⑤低 ⑥以 ⑦候 ⑧倉 ⑨億 ⑩健

❷ ①信号 ②試合 ③命令 ④漁業

❸ ①便り ②伝わる ③働く ④例えば ⑤付ける ⑥借りる

5 「力」のつく漢字

36ページ ドリル

❶ ①どりょく ②せいこう ③ゆう ④ろうりょく ⑤くろう ⑥くわ ⑦つと ⑧こうろうしゃ ⑨かこう ⑩いさ

❷ ①勇気 ②成功 ③労働 ④功労者 ⑤努力 ⑥加 ⑦苦労 ⑧勇 ⑨参加 ⑩努

6 「木・木」のつく漢字

39ページ ドリル

❶ ①みらい ②けっか ③すえ ④はなたば ⑤やくそく ⑥みまん ⑦は ⑧たば ⑨けっそく ⑩みち

❷ ①末 ②未満 ③束 ④結果 ⑤約束 ⑥始末 ⑦果 ⑧未来 ⑨月末 ⑩果

42ページ ドリル

❶ ①うめ ②ざいりょう ③さか ④とちぎ ⑤だいざい ⑥なふだ ⑦えいこう ⑧ひょうさつ ⑨まつばやし ⑩しょうちくばい

❷ ①松 ②梅 ③札 ④栄養 ⑤梅 ⑥名札 ⑦栃木 ⑧材料 ⑨松林 ⑩栄

45ページ ドリル

❶ ①あんない ②きかい ③なんきょく ④ひょう ⑤きかい ⑥とうあん ⑦きかい ⑧せっきょくてき ⑨ひょう ⑩なし

❷ ①目標 ②山梨 ③機械 ④案 ⑤南極 ⑥器械 ⑦案内 ⑧飛行機 ⑨標本 ⑩北極星

46ページ まとめドリル

❶ ①功 ②未 ③札 ④梨 ⑤栃 ⑥極 ⑦末 ⑧案 ⑨標 ⑩材

❷ ①約束 ②松竹梅 ③労働 ④機械

❸ ①果たす ②加わる ③借りる ④努める ⑤栄える ⑥勇ましい

7 「刀・刂」のつく漢字

50ページ ドリル

❶ ①さいしょ ②くべつ ③べんり ④いんさつ ⑤わか ⑥ふく ⑦ず ⑧はじ ⑨ふくぎょう ⑩ゆうり

❷
①利用 ②別 ③初雪 ④勝利
⑤副 ⑥初歩 ⑦印刷 ⑧刷
⑨副業 ⑩別

8 「火・火・灬」のつく漢字

54ページ ドリル

❶
①あつ ②ゆうや ③ぜんぜん
④しょうめい ⑤くまもと
⑥ねっしん ⑦て ⑧てんねん
⑨な ⑩がいとう

❷
①熱 ②熊 ③自然 ④無理
⑤照明 ⑥無事 ⑦天然 ⑧照
⑨電灯 ⑩焼

9 「口」のつく漢字

58ページ ドリル

❶
①しゅうへん ②きよう
③かっこく ④がっしょう
⑤まわ ⑥ぎょうじ ⑦しかい
⑧かくじ ⑨とな ⑩ぶんどき

❷
①各地 ②周辺 ③行司
④暗唱 ⑤食器 ⑥楽器
⑦司会 ⑧各国 ⑨周 ⑩唱

10 「⻌」のつく漢字

61ページ ドリル

❶
①えら ②つら ③うみべ
④れんぞく ⑤あた
⑥せんしゅ ⑦つ ⑧はったつ
⑨つら ⑩しゅうへん

❷
①辺 ②選挙 ③海辺 ④連
⑤連続 ⑥選 ⑦連 ⑧辺
⑨達成 ⑩連

62ページ まとめドリル

❶
①然 ②熱 ③副 ④利
⑤達 ⑥無 ⑦初 ⑧熊
⑨治 ⑩刷

❷
①各地 ②周辺 ③灯台
④食器

❸
①選ぶ ②照らす ③連なる
④別れる ⑤焼ける ⑥唱える

11 「艹」のつく漢字 12 「子・孑」のつく漢字

67ページ ドリル

❶
①やさい ②め ③まご
④さんさい ⑤えい ⑥みんげいひん ⑦はつが ⑧きせつ
⑨しそん ⑩いばらき

❷
①菜 ②学芸会 ③芽 ④孫
⑤英語 ⑥茨 ⑦手芸 ⑧子孫
⑨野菜 ⑩季節

13 「竹・⺮」のつく漢字 14 「广」のつく漢字

72ページ ドリル

❶
①おおわら ②せつぶん
③ちてい ④しけんかん
⑤ふし ⑥にがわら ⑦くだ
⑧けんこう ⑨ふ ⑩そこ

❷
①血管 ②季節 ③笑 ④底力
⑤海底 ⑥管 ⑦節 ⑧健康
⑨府 ⑩笑

15 「宀」のつく漢字 16 「日」のつく漢字

77ページ ドリル

❶
①かんさつ ②がい ③ふうけい ④さっ ⑤きかん ⑥ふかんぜん ⑦さくねん ⑧とみ
⑨がい ⑩ちょうかん

❷
①富 ②昨年 ③察官 ④完全
⑤光景 ⑥害虫 ⑦完成
⑧観察 ⑨風景 ⑩富

78ページ まとめドリル

❶
①芽 ②孫 ③菜 ④管 ⑤芸
⑥康 ⑦害 ⑧府 ⑨節 ⑩底

❷
①英語 ②完全 ③察官
④季節 ⑤風景 ⑥昨年
⑦茨 ⑧子孫

❸
①笑う ②富む

17 「心」のつく漢字 18 「牛・牜」のつく漢字

82ページ ドリル

❶
①かなら ②とくべつ ③ぼくそう ④ねん ⑤あいちょう
⑥ひっし ⑦ねんがん ⑧あい
⑨とく ⑩ぼくじょう(まきば)

❷
①残念 ②特別 ③牧場
④必要 ⑤愛 ⑥特 ⑦牧草
⑧愛 ⑨念 ⑩必

19 「彳」のつく漢字 20 「攵」のつく漢字

87ページ ドリル

❶
①かいさつ ②やぶ ③ちょっけい ④とくよう ⑤せいと
⑥かいりょう ⑦どうとく
⑧はんけい ⑨ち
⑩ときょうそう

❷
①生徒 ②敗北 ③直径
④徳 ⑤散歩 ⑥徒歩 ⑦半径
⑧失敗 ⑨散 ⑩改

88ページ まとめドリル

❶
①特 ②念 ③徳 ④愛 ⑤念
⑥改 ⑦敗 ⑧散 ⑨牧 ⑩徒

❷
①直径 ②必 ③愛鳥
④生徒 ⑤牧場 ⑥道徳

❸
①必ず ②敗れる ③改まる
④散らかす

21 「山」のつく漢字 22 「阝」のつく漢字

93ページ ドリル

❶
①おおさか ②たいりく
③たい ④ぎふ ⑤ながさき
⑥へいたい ⑦おかやま
⑧おおさか
⑨りくじょう ⑩みやざき

❷
①陸 ②岐 ③隊長 ④福岡
⑤岐 ⑥大阪 ⑦長崎 ⑧着陸
⑨岡山 ⑩宮崎

23 「土・土」のつく漢字 24 「禾」のつく漢字

97ページ ドリル

❶
①しゅるい ②めんせき
③みやぎ ④しお ⑤たね
⑥しろ ⑦つ ⑧えんぶん
⑨さいたま ⑩じょうかまち

❷
①種 ②面積 ③塩 ④埼玉
⑤食塩 ⑥種類 ⑦城 ⑧塩分
⑨宮城 ⑩積

98ページ まとめドリル

❶
①陸 ②塩 ③種 ④隊 ⑤城
⑥積 ⑦岐 ⑧岡 ⑨阪 ⑩崎

❷
①岡山 ②埼玉 ③面積
④種 ⑤陸上 ⑥食塩
⑦宮崎 ⑧隊長 ⑨塩味
⑩大阪城

25 26 「八」のつく漢字／「十」のつく漢字

103ページ　ドリル

1 ①そつぎょう　②きょうどう　③はくし（はかせ）　④しきてん　⑤とも　⑥はくぶつかん　⑦じてん　⑧きょうどう　⑨きょうちょう　⑩へいたい

2 ①共通　②事典　③辞典　④兵庫　⑤共　⑥協力　⑦博　⑧卒業　⑨兵隊　⑩博物館

27 28 「貝」のつく漢字／「金・釒」のつく漢字

106ページ　ドリル

1 ①ねんが　②ろくおん　③かがみ　④か　⑤ねんが　⑥かがみ　⑦きろく　⑧かもつ　⑨がしょう　⑩ぼうえんきょう

2 ①貨物　②記録　③鏡　④録音　⑤年賀　⑥賀正　⑦貨　⑧望遠鏡　⑨記録　⑩貨物

29 30 「頁」のつく漢字／「巾」のつく漢字

111ページ　ドリル

1 ①ねが　②じゅん　③しんるい　④ねったい　⑤ねんがん　⑥きぼうしゃ　⑦せきじゅん　⑧たぐ　⑨お　⑩ちゃくせき

2 ①希望　②種類　③出席　④願書　⑤帯　⑥順番　⑦順　⑧熱帯　⑨分類　⑩願

112ページ　まとめドリル

1 ①帯　②席　③順　④共　⑤博　⑥帯　⑦鏡　⑧希　⑨鏡　⑩貨

2 ①協同　②事典　③記録　④兵隊　⑤種類　⑥卒業　⑦兵庫　⑧年賀

3 ①類い　②願う

31 32 「見」のつく漢字／「手・扌」のつく漢字

115ページ　ドリル

1 ①お　②おり　③さ　④せんきょ　⑤うせつ　⑥おぼ　⑦あ　⑧かんさつ　⑨かんこう　⑩かんかく

2 ①折　②選挙　③観光　④覚　⑤右折　⑥折　⑦感覚　⑧挙　⑨観察　⑩覚

33 34 「車」のつく漢字／「示・ネ」のつく漢字

118ページ　ドリル

1 ①ひょう　②いわ　③わ　④とうひょう　⑤ぐんたい　⑥かいひょう　⑦いちりんしゃ　⑧いわ　⑨しゅくじつ　⑩ぐんばい

2 ①輪　②祝日　③一輪　④投票　⑤開票　⑥軍隊　⑦祝　⑧一輪車　⑨軍配　⑩祝

35 36 「食・飠」のつく漢字／「戈」のつく漢字

121ページ　ドリル

1 ①せいちょう　②たたか　③はん　④やしな　⑤たたか　⑥めし　⑦えいよう　⑧せいちょう　⑨さくせん　⑩な

2 ①成長　②飯　③飯　④作戦　⑤戦　⑥成　⑦栄養　⑧養　⑨飯　⑩戦

37 「大」のつく漢字

124ページ　ドリル

1 ①ふじん　②なら　③しつれい　④おっと　⑤うしな　⑥かながわ　⑦しっぱい　⑧ふ　⑨しってん　⑩なら

2 ①奈良　②失敗　③夫　④失礼　⑤神奈川　⑥夫人　⑦奈良　⑧失点　⑨夫　⑩失

38 39 「氏」のつく漢字／「⺍」のつく漢字

127ページ　ドリル

1 ①す　②しめい　③たん　④す　⑤しみん　⑥たんい　⑦し　⑧すばこ　⑨みんわ　⑩たんい

2 ①単　②氏名　③巣　④市民　⑤民話　⑥単位　⑦氏　⑧市民　⑨巣箱　⑩氏名

128ページ　まとめドリル

1 ①夫　②単　③徒　④巣　⑤軍　⑥民　⑦折　⑧飯　⑨氏　⑩輪

2 ①成長　②観察　③投票　④奈

3 ①祝い　②覚える　③養う　④失う　⑤挙げる　⑥戦う

40 二つ（上と下）に分かれる漢字

132ページ　ドリル

1 ①か　②えんじ　③はんせい　④ようてん　⑤いくじ　⑥へんか　⑦かなめ　⑧じゅうよう　⑨しょう　⑩か

2 ①児童　②変化　③反省　④要点　⑤必要　⑥園児　⑦省　⑧省　⑨重要　⑩変

136ページ　ドリル

1 ①さいご　②のぞ　③たりょう　④ぼうえんきょう　⑤さ　⑥もっと　⑦ものおき　⑧はいち　⑨はか　⑩こうさてん

2 ①最高　②物置　③位置　④最　⑤差　⑥量　⑦希望　⑧置　⑨量　⑩望

41 二つ（右と左）に分かれる漢字

140ページ　ドリル

1 ①す　②めじるし　③まと　④ぐん　⑤れい　⑥てき　⑦ぐんぶ　⑧こうちょう　⑨いん　⑩ひ

2 ①印　②的　③好物　④好　⑤郡部　⑥冷　⑦印刷　⑧好　⑨目的　⑩冷

145ページ　ドリル

1 ①ざんねん　②こばた　③たいけん　④きょうそう　⑤たいぐん　⑥あんせい　⑦しけん　⑧けいば　⑨じてん　⑩りょうり

2 ①群　②材料　③実験　④国旗　⑤静止　⑥祝辞　⑦競　⑧残　⑨旗　⑩静

146ページ まとめドリル

1 ①郡 ②児 ③残 ④群 ⑤辞 ⑥好 ⑦置 ⑧験 ⑨的 ⑩望 ⑪変 ⑫競 ⑬旗 ⑭印 ⑮差

2 ①必要 ②材料 ③愛媛 ④印刷

3 ①最も ②静か ③冷たい ④省く ⑤変える ⑥量る

42 そのほかの漢字

150ページ ドリル

1 ①けってん ②いふく ③ぶきみ ④あらそ ⑤こづつみ ⑥ふくい ⑦ふそく ⑧か ⑨ほう ⑩きょうそう

2 ①不安 ②衣料品 ③戦争 ④井戸 ⑤欠席 ⑥欠 ⑦包帯 ⑧争 ⑨衣類 ⑩包

153ページ ドリル

1 ①ちょう ②かた ③ろうじん ④さんこう ⑤かか ⑥だいじん ⑦まい ⑧ぜんちょう ⑨せきしょ ⑩お

2 ①関係 ②兆 ③大臣 ④老人 ⑤参加 ⑥関所 ⑦固定 ⑧固 ⑨家臣 ⑩参

156ページ ドリル

1 ①と ②う ③た ④せいさん ⑤ふりょう ⑥たてもの ⑦ひこうせん ⑧ひ ⑨よ ⑩けん

2 ①改良 ②生産 ③産業 ④仲良 ⑤建 ⑥飛 ⑦良心的 ⑧飛 ⑨飛行機 ⑩建

159ページ ドリル

1 ①しか ②まちかど ③かがわ ④ぎふ ⑤か ⑥しがいち ⑦ぎふ ⑧かごしま ⑨かお ⑩しょうてんがい

2 ①岐阜 ②街 ③香 ④香川 ⑤鹿児島 ⑥街 ⑦岐阜 ⑧鹿 ⑨市街 ⑩香

160ページ まとめドリル

1 ①阜 ②関 ③良 ④不 ⑤飛 ⑥香 ⑦街 ⑧老 ⑨兆 ⑩鹿

2 ①建物 ②衣類 ③井戸 ④大臣 ⑤産業 ⑥戦争

3 ①欠ける ②参る ③包む ④固める

43 同じ部分をもつ漢字

162ページ ドリル①

1 ①拾・給 ②始・治 ③星・産 ④童・量 ⑤苦・固

2 ①各・客 ②周・週 ③庫・連 ④祭・察 ⑤列・例

163ページ ドリル②

1 ①{坂・板 / 飯・返} ②{待・持 / 時・特 / 等・詩}

2 ①魚・漁 ②昭・照 ③動・働 ④安・案 ⑤植・置

164ページ ドリル③

1 ①管・館 ②植・置 ③清・静 ④{記・改 / 起・配}

2 ①付・府 ②令・冷 ③果・課 ④建・健 ⑤票・標

44 形がにている漢字

166ページ ドリル

1 ①打・折 ②使・便 ③係・孫 ④緑・録

2 ①氏・民 ②官・宮 ③末・未 ④共・兵 ⑤単・巣 ⑥受・愛

45 同じ読み方の漢字

168ページ ドリル①

1 ①以 ②英 ③協 ④児 ⑤労

2 ①候・康 ②底・低 ③照・唱 ④{貨・加 / 課・果}

169ページ ドリル②

1 ①最・菜 ②養・要 ③特・徳 ④{清・省 / 成・静}

2 ①関・観 ②参・散 ③席・積 ④説・節 ⑤例・冷

170ページ ドリル③

1 ①鳴・泣 ②周・回 ③上・挙 ④付・着 ⑤差・指

2 ①暑・熱 ②始・初 ③直・治 ④代・変 ⑤覚・冷

46 都道府県名の漢字

172ページ ドリル

①潟・福井 ②森・岩・島 ③茨城・埼 ④鳥取・岡 ⑤滋賀・大阪 ⑥佐賀・崎 ⑦栃・群馬 ⑧北・宮城 ⑨梨・岐阜 ⑩熊・大分 ⑪香・愛媛 ⑫兵庫・奈良